智元微库
OPEN MIND

成 长 也 是 一 种 美 好

生活破破烂烂，狗狗缝缝补补

Sit, Stay, Heal

[美] 勒妮·阿尔萨拉夫（Renee Alsarraf） 著

孙芳 译

人民邮电出版社

北京

图书在版编目（CIP）数据

生活破破烂烂，狗狗缝缝补补 ／（美）勒妮·阿尔萨拉夫（Renee Alsarraf）著；孙芳译. —— 北京：人民邮电出版社，2023.10
ISBN 978-7-115-62553-3

Ⅰ．①生… Ⅱ．①勒… ②孙… Ⅲ．①心理学—通俗读物 Ⅳ．①B84-49

中国国家版本馆CIP数据核字（2023）第158898号

版权声明

◆ 著　[美]勒妮·阿尔萨拉夫（Renee Alsarraf）
　　译　孙　芳
　　责任编辑　黄琳佳
　　责任印制　周昇亮

◆ 人民邮电出版社出版发行　北京市丰台区成寿寺路 11 号
　　邮编　100164　电子邮件　315@ptpress.com.cn
　　网址　https://www.ptpress.com.cn
　　天津千鹤文化传播有限公司印刷

◆ 开本：880×1230　1/32
　　印张：7.5　　　　　　　　　2023 年 10 月第 1 版
　　字数：200 千字　　　　　　 2023 年 10 月天津第 1 次印刷

著作权合同登记号　图字：01-2022-5855 号

定价：59.80 元

读者服务热线：（010）81055522　印装质量热线：（010）81055316
反盗版热线：（010）81055315
广告经营许可证：京东市监广登字 20170147 号

我发现，当你身陷困境时，

你会从狗狗沉默而忠实的陪伴中得到你从别处得不到的东西。

——多丽丝·戴

当我们把伤疤视作荣耀时，伤疤是美丽的；

它们提醒我们，我们勇敢地活了下来。

——莉莎·特克斯特

献给奋战过并取得了成功的你们!
谢谢你们的四条腿、摇动的尾巴和湿乎乎的鼻子!

目　录

在这个世界上，宠物给了我们无条件的爱，我们信赖它们，甚至依赖它们。和宠物在一起时，我们不会感到丢人，也不必装模作样。所有的宠物都活在当下，无忧无虑。它们不会浪费现在的时光去担心未来会发生什么，也不去思考自己还能活多久。而我们将大量的时间花在假设上，为各种可能性而烦恼，我甚至会担忧其中最好的那个结果。但是，担忧什么时候真正帮到了我们？

01　黛西（可卡犬）

当生活将真正的困难摆在我们面前时，我们是不是都会很坚强？与约翰逊一家要应对的那些困难相比，我的麻烦只不过是小事一桩。

约翰逊太太在平衡家庭责任与带狗狗来治病这两方面很有经验，她以如此可爱而平静的方式来处理这些事，令人觉得不可思议。我无法想象那种弥漫在这家人心头的忧虑，以及他们那不可思议的坚韧。能再见到约翰逊太太和她的狗狗真是太好了。

04 迪肯斯（芬格兰犬）、"鼓手"和纽顿（拳师犬）

全心全意的爱

"鼓手"是我生活中的亮点和命脉，它常在我感到不安时给我带来安全感，成了我忠实的朋友，带给我陪伴、乐趣和消遣。最重要的是，"鼓手"是一个允许我爱它的生物，而且它也爱我，全心全意。拥有它以后，我一直都很喜欢拳师犬。正是我和它的亲密关系让我坚定了长大后要成为一名兽医的想法。在我生活中的许多重要时刻，拳师犬一直是一个重要的见证者。它甚至帮我找到了真爱！

05 纽顿，第二幕

无条件的爱

纽顿是个很棒的伙伴，它那双温柔的棕色眼睛每天都深情地凝视着我。它很可爱，尽管有时傻傻的。我们一心扑在它身上，纽顿也在全身心地爱着我们。即使我早上起来衣冠不整，它也不在意。它不关心我化疗后稀疏散乱的头发是不是贴在了头上，它不会因为我连续几天躺在沙发上而指责我，我们也不会因为它没有在门口叫而数落它。纽顿给予了我和我的家人无条件的爱，我们也同样无条件地爱着它。

不，不，在我自己正在战斗时，我们的狗狗不能得癌症。

波特太太说："几年前，我丈夫经历了母亲重病不治的折磨。我给他买了当时还是幼犬的博加特，试图让他振作起来，他当时太消沉了。这很管用。当博加特生病时，我非常担心。这是一段非常难熬的日子，博加特让我丈夫想起了他的母亲。而我只是担心，如果我们失去了我们的狗，他会再次陷入悲伤。"

"我明白，这并不容易。我们在很多方面都离不开我们的宠物。您正在为博加特和您的家人尝尽一切可能。"我伸出双臂，给了波特太太一个拥抱。"有您在，他们都是有福气的。"

尽管瓦达莫瓦夫妇做出了这个决定，但我相信这并不容易。这从来都不是个容易做出的决定。就这样结束一只动物的生命可能会令人心碎，但无论多么撕心裂肺，这可能是宠物主人所能做出的最无私的决定，因为没有人想让自己心爱的伙伴受苦。对兽医而言，在将导管接入静脉并给药时，我必须全神贯注，努力维持冷静的专业精神，而我的眼睛却不受控制地噙满了泪水。

08 弗兰妮（寻血猎犬）和腊吉（混血犬）

在得 C 字病之前，我一直认为生活尽在掌控之中，但这个病却让我意识到，我从来没有掌控过真正重要的，哪怕是中等重要的事情。幸好，当我在医院工作时，我没有时间为自己感到难过。我的动物患者从来不会注意到我的样子。每当我和它们在一起时，我都能感觉到完整的自己，也就是我本来的样子。不仅如此，它们还会用摇尾巴或者一个热情的、湿乎乎的亲吻来感谢我的帮助。它们不认为我的价值与我的大腿围或者我裙子的尺码成反比。这是我想要从我毛茸茸的患者身上学到的许多东西之一。

09 纽顿，第三幕

拳师犬纽顿，是我们最亲密的朋友，也是我们家庭中不可或缺的一部分，但 C 字病正在折磨它的身体。我知道我们很快将面临一个我曾经帮助很多家庭去面对的可怕的决定。

我经常告诉那些宠物的家人，他们的痛苦和悲伤会减轻的，只不过需要时间，而且有时候需要很长的时间。我知道我家人和我的伤痛是会减轻的，但此刻这种想法并不会让我好过一些。我疲惫不堪，而且伤心欲绝。

10 凯莉（喜乐蒂牧羊犬）和达斯蒂（拳师犬）

我们最近都伤痕累累，但我们渡过这些难关后都变得更加坚强了，也更能够经受住磨炼。当恐慌袭来时，我问自己：如果我知道一切都会好起来，我会怎么做？我能不能现在就这么做，即使我面对的是不确定性？这可能是我从我的四条腿的患者那里得到的启示。它们享受生命的方式是活在当下。它们从来不会把时间浪费在各种担忧上。

没有什么比小狗崽更可爱的了，但我认为我们还没有准备好完全敞开心扉去接纳一个新的家庭成员。这让人不禁想问：哀悼的过程什么时候能结束？我一直告诉我的客户，当时机成熟时，他们会知道的。

写在前面的话

我们将大量的时间花在假设上，为各种可能性而烦恼，
我甚至会担忧其中最好的那个结果。
但是，担忧什么时候真正帮到了我们？

在过去的 29 年里，我是个兽医肿瘤学家。我主要负责治疗那些患了癌症的动物，其中大部分是狗和猫，有时也会有雪貂、兔子、鸟或豚鼠。

人们总是问我："你是如何去面对你现在做的这些事情的？"他们认为动物得癌症太过悲惨而无法整天面对这件事。听说我经历的快乐要比悲伤多得多时，他们感到很惊讶。我为患者提供咨询，做化疗和放疗，还会建议做手术。我尝试着给宠物主人带去能够实现的希望，比如一个夏天或者几年的美好时光。兽医真是一个令人心力交瘁的职业，却让我浑身充满了干劲儿。

患者不会用语言与兽医交流，因此兽医需要通过共情和化验的方式来找出它们的病因，并帮助它们康复。即使不说话，动物也会用各种方式来表达自己的感受，比如摇尾巴、亲吻我们或者露出牙齿低吼。当它们感觉好些时，我会感觉更好。说实话，这让我很开心。

宠物着实令人着迷。实际上，"宠物"这个词并不足以说明它们的特殊地位以及它们与人类家庭之间的深厚感情。在这个让一些人感觉残酷的世界里，它们给了我们无条件的爱。我们信赖它们，甚至依赖它们。

我很幸运地见证了人与动物之间这种最深情的纽带。这种纽带的力量超越了金钱、年龄和种族，毫无偏见。有时候，与宠物相处会让人感到完全放松并感觉被爱。和宠物在一起时，我们不会觉得丢人，也不必装模作样。我们的四条腿伙伴乐于接纳我们本来的样子，它们对我们的理解远远比我们通常认为的要多得多。

然而，有些人不明白这种纽带的作用，也许是他们理解不了，也许是他们没有过这种体验。这些不喜欢动物的人往往会责怪那些全心全意对待宠物的主人："你怎么能花那么多钱给一只狗治癌症？你可以再养一只啊。"令人痛心的是，这个问题我已经被问了许多次。但喜欢动物的人都明白，我们的宠物是不可替代的，它们不是家用电器，它们是鲜活的、会呼吸的、无辜的生命，它们在我们的生命中扮演着重要的角色——至少在我的生命中确实是这样。

在兽医的世界里，快乐的狗狗们在第一次被确诊时自顾自地寻着开心。它们啃着骨头，冲着邮递员叫，即便不可以爬到家具上，它们还是继续试图偷偷靠近沙发。可是，宠物的人类家人们却往往因它们的病情而心神不宁。

我曾经帮助过很多家庭，劝慰他们从爱宠死亡带来的悲痛中走出来。宠物永远不会明白为什么他们的人类家人会如此悲伤。有人会说，我们和动物不一样，我们有意识，我们能"想"，也能够感受。不过，或许我们可以从身边的四条腿伙伴那里得到些启示。所有的猫和狗都活在当下，无忧无虑。它们不会浪费现在的时光去担心未来会发生什么，也不去思考自己还能活多久。而我们将大量的时间花在各种假设上，为各种可能性而烦恼，我甚至会担忧其中最好的那个结果。但是，担忧什么时候真正帮到了我们？我无法说它曾经帮助过我。

尽管我很想像我的动物患者一样活在当下，但有时候这个当下真的难以承受。当车子在癌症治疗中心前停下时，我这样对自己说："这是一座巨大的灰色建筑，里面挤满了医生、护士和后勤人员。我不是来这里上班的，今天，我是病人。"

没错！我是一名患有转移性癌症的兽医肿瘤学家。我是一位被确诊了癌症的动物癌症医生，这就是我来到这幢巨大灰色建筑的原因。现在，轮到我去体验在我之前的许多人都曾经历过的事儿了——那种 C 字病。

我讨厌这种病的名字。我每天都在努力为患者治疗癌症，但当具体涉及我自己的病情时，我只能称之为 C 字病。这也许有点儿不合乎情理，但我的确痛恨"癌症"（cancer）这个词。它会在一瞬间带给人们焦虑和恐惧，我也不例外。得了这种病，感觉自己就像是遭到了一记完全没有预料到的重击。

我并不"拥有"这场斗争。这完全不是我想要的东西，但我会尽我所能与之抗争。面对自己的病情，我会坚持不懈、毫无保留地投入这场战斗。我不喜欢向别人求助，也不擅长寻求帮助。但我知道，在这个过程中我会一直需要帮助，我的家人也是如此。当我无法保持理智时，我会请求朋友们帮助我重新振作起来。我本来应该是那个在学校大考前抽查儿子作业、指导儿子完成大学申请的母亲。但如果我因为治疗而体力不支，我恐怕就不能很好地尽到一位母亲的责任了。他必须照顾我吗？他会可怜我吗？还是会为我感到羞耻呢？

只要我还有希望，我就会做好一切战斗的准备。如果我收到了毁灭性的消息，至少我会知道，虽然在地球上度过的这段时光过于短暂，但我已经努力让我的世界变得更加美好了。我全心全意地爱着我的孩子和丈夫，我会永远怀念我的朋友们，我也非常感激能够在我所从事的领域里工作。这些年来，我从我的动物患者身上学到了太多东西。我和它们的主人一起欢笑、一起哭泣，我想要留给这些家庭更多的美好时光。但现在，我只希望能多一些属于自己的时间。

01

黛 西（可卡犬）

一个人的坚强是天生的，还是环境使然

当生活将真正的困难摆在我们面前时，
我们是不是都会很坚强？

这真是一个让一位母亲格外抓狂的清晨。我的丈夫迈克一早就出门了，他真是个幸运的家伙。留给我的是一个死活不愿起床的高中男生和一只打定主意要钻进垃圾里的狗，而那袋垃圾是我那亲爱的儿子昨晚就该倒掉的。我一边手忙脚乱地收拾着这一切，一边大声叫着彼得，让他在再次被记迟到之前做好去上学的准备。我开车去上班，握着方向盘的手指关节一阵阵发白。

我终于赶到了办公室，虽然一路上有点儿暴躁，还有点儿焦虑，但总算是到了。我上午9点的预约来自一个新病患。到了上午9点15分，我开始有些烦躁：预约的客户怎么还没到呢？我最讨厌迟到了。它让我紧张，或者应该说，我听任它让我紧张，因为一个迟到的客户可能会让我时间表上一整天的安排都被打乱了。就在我想要去前面的候诊室打听一下情况时，一位金发女子笑着走了进来，她的两只手里都拿着东西。她的衣服有些凌乱，正奋力地将一辆大型金属婴儿车抬过门框，但她很开心，而且已经尽力了。我又看了一眼，发现那不是婴儿车，而是她9岁孩子凯西的轮椅，小姑娘被安全带固定在轮椅上。牵狗绳的另一端是一只气喘吁吁、迫不及待的

黛西（可卡犬）

11 岁可卡犬，它身上穿的是《冰雪奇缘》中艾莎穿的那种蓝色公主裙。

这只穿得像艾莎的小狗名叫黛西，上周被诊断出患了癌症。它的家人，也就是约翰逊一家，在它的颈部发现了肿块——那是肿大的淋巴结。它的兽医提取了样本，病理学实验室返回的结果是恶性的，或者说，就是癌症。约翰逊太太拿着黛西的组织活检报告、验血结果、病历复本和胸部 X 光片前来就诊。她在推着女儿、牵着黛西的同时还能不让这些资料掉下来，真是令人感到惊奇。黛西患的是淋巴瘤，这是一种狗狗最常患的癌症。但黛西似乎根本不在乎，它的短尾巴摇得如此厉害，以至于它的整个屁股都在跟着扭动。它在我们进入的这间小检查室的周边闻来闻去，似乎想要揪出谁在它之前来过，并期盼着在某个角落找到一块狗饼干。

我把黛西抱到台子上做体检。我必须承认，我从来就没有给打扮成艾莎的患者做过体检，特别是一个试图舔我脸的"艾莎"。它真是一只可爱的傻狗狗！我在检查中发现，它的十个外周淋巴结全部增大了，而且还有一些心脏杂音。黛西的病历显示，它从幼年起就有这种心脏杂音，但之前的心脏超声波检查结果却告诉我不存在结构性问题。还好，这些杂音无须担心。

我把黛西放回到地上。它有点儿胖，把衣服撑得满满的。我和约翰逊太太一起讨论了它的病程和各种治疗方案。化疗是治疗这种癌症的最佳途径。我们无法治愈这种疾病，但化疗通常可以缓解症状，从而让黛西拥有一年左右的高质量生活。对这只狗狗来说，病情缓解意味着它的淋巴结都会恢复到正常大小。虽然我们可以暂时消除所有癌症的临床指征，但癌细胞最终会产生抗药性并卷土重来，接着淋巴瘤就会复发。这样的治疗需要定期去动物医院，可能要花很多钱。我们讨论了三种不同的方案，它们在所需疗程、预后以及相应费用方面都有差别。有一种类固醇药物可以将淋巴瘤的病程延缓几个月，我向那些选择不进行化疗的宠物主人强烈推荐它。我永远不会评判或质疑一个家庭选择化疗来治疗他们的宠物是否正确，因为确定治疗方案涉及太多因素：宠物主人在时间上能否配合就诊需要、检查和药物的费用，以及这个家庭对副作用的耐受力。我们自己看病时，通常是由医生给出一种治疗方案；而给动物看病时，兽医给宠物主人提供的选择要更多。

"如果黛西的情况还不错，可以少做几个疗程吗？"约翰逊太太皱着眉头问道。我能看出她正在转动脑筋。

"这不是理想的做法，"我告诉她，"每个人都会遇到某些状况——比如节假日或暴风雪，这是可以理解的，我们都会遇到。但为了控制癌症的病情，最好尽可能地按计划进行治疗。"

"好吧，也许我可以把事情挪一挪，"她低头看着地板说道，"有时我们得在儿童医院住上几周。"

"这真不容易，"我试图让她放心，"事情很多，我们会尽量和您的日程安排不冲突。"

如果约翰逊一家选择只用类固醇方案，倒也可以理解。为了照顾他们收养的身体有残疾的女儿凯西，他们有很多事情要做。凯西

黛西（可卡犬）

不能说话，但会打一些手语；她不能用嘴吃饭，这家人就用一根直接插到胃里的胃管来喂养她。凯西用乌黑的眼睛盯着我，当我看向她时，她会偷偷地将目光移开。她回眸一笑，灿烂的笑容照亮了她那美丽的脸庞，再想想我那因早高峰和迟到而抓狂的样子……

🐾

当我第一次得知我的诊断结果时，感觉就像被人扯掉了我身下的毯子。我现在仍然会有那样的感受，那是一种空荡荡的可怕的感觉。我在脑海里一遍又一遍地回放着那一天。

那是 7 月 3 日晚上 7 点。我在医院里度过了漫长而忙碌的一天后，回到家中都没有时间换衣服，依旧穿着海军蓝色的后拉链无袖连衣裙，裙摆上还粘着白色的狗毛。我们要为在第二天的国庆日招待 17 个大人和 8 个孩子做准备，我已经在冰箱里塞满了汉堡和热狗的半成品。

我接到了那个电话，然后在厨房门口的台阶上坐了下来，低着头。我思绪万千，但同时脑海中似乎又是一片空白。我极力想压制住爆发的情绪，但它们仍然不停地翻涌上来，变成我脑子里各种嘈杂的声音，非常刺耳。

奇怪的是，作为一个在分享自己感受时通常不会有任何问题的人，我却很难说清楚这些想法。我首先想到的是，为了退休而把钱都存起来真是白费劲了。我对我丈夫说，既然钱带不走，那么我要去商场买东西，也许还会大买特买。他一点儿也不认为这个想法很有趣，而我觉得它很好笑。

然后，我开始担心起那些可怕的副作用，以及这一切最终会给我的家人带来哪些不好的影响。虽然我的儿子还在上高中，但让我难过的是，我可能活不到晚年，活不到那个需要麻烦他和他未来的家庭来全心照顾我的年纪了。我从来没有如此脆弱过，我清醒地意识到，这种事情是很可能会发生的，这加剧了我对所有假设的焦虑。我很坚强，可以经受住暴风雨，但我不太确定能否挺过季风、地震，以及之后"来自天堂的大火"。

我们取消了7月4日的庆祝活动。我们不能无视这个消息，但同时也意识到我们仍然有值得庆祝的事情。我想起了我的患者们——狗和猫真是幸运，它们不需要像人类（或我）那样，总在强烈担忧着会有什么事情发生。我的狗狗会和它的朋友们继续开派对，开心地玩耍，特别是会去尽情享用那些碎牛肉与热狗。相反，我却剩了一堆食物，最后我只好把它们都送出去了，免得浪费。我们度过了一个愁眉不展的国庆节，而那本来应该是一个与我们爱的人和爱我们的人团聚的日子。

当我推开人类癌症中心的大门时，我一点儿都高兴不起来。而我的狗狗患者们在进入医院时看到工作人员通常都很高兴。它们进门时满怀期待地摇着尾巴，希望得到一块饼干。而这个中心却从来没有人给过我一块巧克力，虽然这可能是个值得推广的做法。坦白地说，当我走进电梯按下六楼的按钮时，我害怕极了。我的思绪纷繁复杂，脑海里充满了各种各样的念头。治疗后的我会是什么样子？人们会怎么想？尽管我知道这些担忧都过于浅薄，但它们仍然让人不堪重负。狗因戴着项圈、拴着牵狗绳而感到束缚，但人类却因自身的不安全感、自己的各种假设，以及对自我价值的怀疑而感到束缚，可实际上自我价值感是不需要任何前提条件的。

恐惧不会削弱我的意志，也不会动摇我的决心。我昂着头，报上我的名字。我和内科肿瘤医生会面，讨论我们的治疗方案。我将为这场战斗做好准备，并投入所需的一切。我在首次确诊后马上切除了子宫，目前正在康复中，谢天谢地，我正在痊愈，没有并发症。我很快就体会到，一次手术就能让我走起路来步态蹒跚，像我那81岁的老父亲一样，而他变成如今颤颤巍巍的样子却用了整整81年。别误会，我爱我的父亲，我只是还没准备好像他那样走路。

不幸的是，尽管病理报告总体结果还好，但我的腹膜处（下腹部）有一个三毫米的转移灶（扩散），我的医生说，为了对付癌症，我需要同时接受化疗和放疗。我和另外两位医生约好了下周见面，但在那之前，我不会知晓完整的治疗计划。极有可能的是，等我术后完全康复了，我还要进行为期五周半的放疗和持续好几个月的无数轮化疗。事实证明，我真的，真的很虚荣——我会掉头发，这件事让我苦恼万分。

狗和猫在接受化疗时不会掉毛。这是因为，动物毛发的类型通常和人类很不一样。你会不会因为猫咪的毛长得太长而不得不带它去修剪？不会的。大多数动物的毛发长到一定程度后就会停止生长，进入休眠期，可我们的头发却在不停地长啊长。化疗针对的是那些生长得最快的细胞，因此，我们的头发常常成为化疗的牺牲品。宠物们不是这样，不过也有例外，比如贵宾犬。它们的毛囊和人类的更像，它们的毛发会在毛囊里继续生长，所以这些品种的狗狗化疗也会掉毛。

与失去生命相比，失去头发算不了什么，但我对它带来的影响感到恼火。如果头发没了，我看起来就会像个 C 字病患者。我从来不想将我的弱点展示给我的敌人，包括我头上长出来的和没有长出来的东西。有些狗狗在感到威胁时会竖起颈部的毛，这使它们的毛发蓬起，看起来像个最强大的对手。我不想承认这个 C 字病打败了我，这会让我很不爽。我想要尽可能地成为它最强大的对手。但也许这就像试图对抗地心引力一样，充其量是在虚张声势。

让我震惊的是，有太多偶然碰到的、没得过 C 字病的陌生人没有事先询问我是否需要就迫不及待地告诉我要怎么做。这就像一个陌生人走到一个孕妇面前，摸了摸她隆起的大肚子，然后主动向这位准妈妈建议该如何抚养孩子，给孩子取什么名字。他们告诉我，即使现在我的头发没什么问题，我也应该提前剃掉头发。首先，我从来都不喜欢被别人告知该做什么。其次，真的需要这样吗？！对我来说，这是一个放弃的信号，而我的战斗是个原则问题。我将和船一起沉没，或者至少知道什么时候该登上救生艇。这也许是一位肿瘤学家应该具备的良好品质，无论她治疗的是人还是动物。

约翰逊太太为黛西选择了最先进的化疗方案，并且她想马上就开始。她告诉我他们一家真的很需要这只小可卡犬，这让我得以一窥他们的家庭生活。它已成为这个家庭中重要的一员，他们非常爱它。它每天花好几个小时陪在凯西身边，带给这个小女孩很多欢乐，是她最坚定的伙伴。凯西无法给黛西穿衣服，她甚至都不能自己穿衣服，所以她的父母充当了造型师，把黛西打扮成凯西最喜欢的迪士尼公主艾莎的样子。凯西靠着她的父母和狗狗为自己做了许多我们所有人看来都理所当然的事。事实证明，虽然黛西没有接受过任何正式的训练，但它已经成了一只会示警的治疗犬。黛西会在凯西的癫痫发作之前向家人发出信号，好让他们能够及时采取相应的措施。具有讽刺意味的是，黛西自己也患有癫痫，不过幸运的是，药物治疗已经很好地控制住了它的病情。最重要的是，黛西看不到残疾——它看到的只是凯西，一个可爱的小姑娘。"它的"小姑娘不会说话也没有关系，因为黛西知道凯西在说什么，它在更深的层面上早已和她心意相通。

　　作为父母，约翰逊夫妇不知道该如何向他们的女儿提起黛西时日无多的事。显然，这令约翰逊太太感到忧心忡忡。和一个9岁的孩子谈论他们的狗狗到了癌症晚期，这对任何父母来说都不是一件容易的事，而对约翰逊一家而言，这件事的影响更大。黛西不仅是一位深受喜爱的家庭成员，而且也是护理照料凯西的不可或缺的一员。

"大夫，"约翰逊太太说，"我们真的需要你帮忙让它活下去。"

很好，我想，没给我压力。

"我们会尽力的。"我说道，然后给了这个女人一个拥抱。有时，我们真的都需要一个长长的、真心的拥抱。

我从她的手中接过牵狗绳。黛西没有迟疑，它跟着我一路小跑地来到医院后面，好奇地想知道拐角处有什么。那里会有人照顾它，就像照顾他们自己的狗狗一样。卡西迪是我的一名技术员，相当喜欢可卡犬、雪纳瑞和比特犬。尽管这是一个与众不同的组合，但我知道她会因为黛西的品种而更爱它一点点。我所有的兽医肿瘤学技术员都会精心地为它进行化疗，帮助它活下去。而在黛西看来，这可有着大大的好处——它会获得一两块（也许是三块）饼干。黛西显然很喜欢它的治疗方案。

果不其然，黛西是一只非常随和的狗狗。只见它麻利地跳上治疗台，允许我们为了照料它做任何需要做的事。我的团队将这只穿蓝裙子的小宝贝团团围住。卡西迪被这只可卡犬的可爱样子迷住了，这位专业人士开始像婴儿那样哼哼，还在它的耳朵后面摩挲着。黛西则使劲往她身上挤。显然，这只狗无论走到哪里都能交到朋友。

我向我的团队简要说明了黛西的病情以及约翰逊太太选择的治疗方案。在给黛西称过体重后，我计算了它的药量，并将这一信息告知了我的首席肿瘤技术员杰姬。我要给黛西减一点药量，因为它的一部分体重来自赘肉，而不是肌肉。就像在人类医院里治疗一样，进行化疗时我们必须特别小心地校准每个患者的药量。我们也不能让任何员工有接触到化疗药剂的风险，尤其是当我们的操作十分频繁时。

杰姬又算了一遍，然后开始进行操作，她永远都一丝不苟。和每次化疗时一样，我们每个人都穿上了蓝色的化疗防护服（又名"蓝精灵服"），并在防护服袖口外面仔细地戴好化疗用的防护手套，以确保完全密封。我们还戴上了保护眼睛的护目镜，并在生物安全柜中（想象一个又大又笨重的机器，带有大型高效空气过滤器和顶部排气扇）配好了药物。杰姬把她那又黑又长的头发扎成一个马尾，以免影响黛西的化疗。

我自己在接受化疗时穿的是瑜伽裤（我从来没穿它去做过瑜伽）和拉链帽衫，而不是黛西那样的蓝色礼服。我很好奇如果我打扮成艾莎去做化疗，我的医生会怎么想。我从来没有见过我的治疗团队配置药物，那是在医院的药房里完成的。（难以置信的是，他们把我的药物叫作"鸡尾酒"。）"嗨！服务员，有没有可能给我换成'大都会'？"负责我的两名护士带着化疗药和装满用来抑制恶心或过敏反应的药物的注射器来到病房。她们把这些东西放在我床边的金属架上。看起来似乎有很多针管，让人有点儿害怕，而且这两名护士都穿着全套防护服，让我很没有安全感。几十年来，我一直在保护自己免受这些可怕的药物的伤害，但现在我却坐在这里，完全暴露着，是房间里唯一没有穿防护服的人。更糟糕的是，她们会向我的静脉里注射或滴入这些药物，整个过程长达好几个小时。这似乎在很大程度上是与我自己所接受的安全预防措施训练背道而驰的，但在这里，我是病人，而不是医生。

我们把黛西像狮身人面像那样放在治疗台上，将它的前爪放在它身前。卡西迪轻轻地抱着它，另一位技术员在黛西的右前腿上找到了一条静脉。由于它有着厚厚的金色皮毛，这其实并不容易做到；但我的团队经验丰富，他们迅速地在静脉里放置了一根蝶形导管。黛西是一只容易信任人、镇定自若的狗狗，它甚至都没有缩回爪子。卡西迪在按住黛西不让它动弹时，她的几绺金发搭在了狗狗的脊背上。那句古老的谚语说得真对——有些人长得确实像他们最喜欢的犬种！不知道这句谚语对我来说准不准，但我确实喜欢扁扁的脸上满是皱纹的狗和猫。

黛西通过导管接口接受了化疗，没过几分钟就做完了。它坐了起来，摇着尾巴，对刚刚发生的事情没有丝毫怨恨。它显然接受了刚刚发生的一切，并且很高兴地继续过它的日子。它不会回头看发生了什么，也不会担心将要发生的一切。

而另一方面，我也正为化疗将带给我的副作用而苦恼。我不断地给自己打气，如果知道可能会出现什么负面结果，我可以随机应变，将它们解决掉。我知道，我极有可能不会出现副作用，即便如此，我想自己也能够应付过去。

我带着黛西回到候诊室，约翰逊太太和凯西正坐在那里耐心等候。

"它看起来不错，"这位宠物主人惊叹道，"它已经做完化疗了吗？"

黛西（可卡犬）

"是的，它做得很好，"我请她放心，"但黛西回家时要带上这两种药，以防万一。"我递给她一个袋子，上面有黛西的名字。"如果它不舒服，可以吃这些药。我们希望它没有任何不良反应，如果它有腹泻或恶心的症状，请马上吃药。它的生活质量是最重要的。哦，还有，我们明天会打电话给您，看看它怎么样了。"

"好的，非常感谢。"约翰逊太太诚挚地说道。我们再次拥抱，我能感觉到这个女人的肩膀松弛了下来，似乎整个人都长出了一口气。

"要我送您上车吗？"我问道。这位妈妈需要第三只胳膊。

"不用，我很好。不过还是要谢谢您。"她说着，一边操控着凯西的轮椅，一边牵着黛西的狗绳，抱着它的 X 光片和药包。

🐾

第二天，我打电话给约翰逊太太，询问黛西化疗后情况如何。

"它看起来竟然比以前还好。是因为化疗让它更有活力了吗？"

"很多人都问过这个问题，许多狗在接受化疗后似乎状态好多了。我想我们没有意识到，癌症会争夺宠物的能量，从而让它在家里变得更安静。一些人认为这是关节炎或年龄的原因，而当他们的狗做过化疗，他们就会意识到是癌症让狗萎靡不振。无论如何，我很高兴它的状态还不错。"

约翰逊太太停顿了一下，问道："黛西为什么会得癌症？我是不是不应该做什么事？"我能听出她的声音中有一种强烈的负罪感。有太多次，人们问我宠物喝的水、吃的食物，还有草坪上撒的化学品有没有问题，这份清单还在加长……

"黛西的癌症不是您造成的，"我开始安慰她，"就像人类一样，宠物患癌的原因有很多。一些癌症在某些宠物种类中更常见，因为它们是遗传的。生活在有人吸烟的家庭中的宠物，它们的癌症发病率更高；有些癌症可能是日光导致的；狗的一种癌症甚至可以通过性行为来传播！在所有感染猫白血病病毒（这是个糟糕的名字，因为它压根不是白血病）的猫中，有三分之一最终会因为这种病毒而患上癌症。"

"所以，发生在黛西身上的事不是我造成的？"

"完全不是。尽管并不总是如此，但淋巴瘤通常是通过基因传播的，而且它在遗传学上往往可以追溯到很多很多年以前。所以，动物从一开始就患上了癌症。有证据表明，即使是恐龙也会患上某些恶性肿瘤，比如骨癌和白血病。您把黛西照顾得很好，您给它吃优质食物，还给了它很多的爱。"

"不，是它把我们照顾得很好。哦，我忘了问了，它会掉毛吗？"

"不，不会的。猫不会因化疗而掉毛，大多数的狗也不会。这是因为黛西的毛发和人的头发是不一样的。"

"真有意思，"她说，"但哪怕它秃成个台球，我们还是会一样喜欢它。"说完，我们挂断了电话。

一周后，黛西来复查，坐在轮椅上的凯西也陪约翰逊太太一起

黛西（可卡犬）

来了。我在候诊室里将她们两个接进来。我弯下腰坐在凯西旁边，问她今天过得怎么样，她的狗狗怎么样了。她第一次为黛西求诊时还很害羞，今天却非常渴望和我互动。我告诉她，黛西穿着艾莎的衣服有多好看，她的衣品很棒。显然，她知道我在说什么，并用灿烂的笑容表达着她的喜悦之情。然后，我抬头看向跟我问好的约翰逊太太。

"谢谢，我很好。重点是，黛西还好吗？"

她一边把她女儿脸上的一缕黑发撩到后面，一边给了我一个温暖的微笑。

"我们知道它的情况，而它看起来好像也没有什么不好。这是正常现象吗？"

"本来就该是这样，我真高兴！如果可以的话，我要带黛西去后面验血，再做个体检。"

"只要有饼干，它会跟您去任何地方。"约翰逊太太眨了下眼睛说道。

她把牵狗绳递给我，我向凯西挥了挥手，凯西又回了我一个足以点亮整个候诊室的微笑。黛西一路小跑地随我穿过门，进入肿瘤治疗区。

我放下检查台，这只可卡犬自己跳了上来。我趁黛西平静地坐着时升起台子。卡西迪急于见到她的新朋友。我的团队抽了它的血去检查白细胞数量，而我则摸了摸它的脖子，那里的淋巴结都很正常。我检查了它肩窝处的淋巴结，也很正常；腋窝和腹股沟淋巴结都还好。它的膝窝淋巴结，也就是膝盖后面的淋巴结，也恢复到了正常大小。

我想约翰逊一家真的希望听到好消息，我也期待着告诉他们黛西的检查结果。看过黛西的验血报告后，我回到了候诊室，而我的团队正在准备这次的化疗药物。当我笑容满面地告诉约翰逊太太这个好消息时，她流下了眼泪。凯西看着她的妈妈迅速地擦掉眼泪，我又给了这个女人一个拥抱，一个快乐的拥抱。技术员把黛西送了回来，我提醒这位宠物主人，我们需要在一周后再给这只狗狗做检查。

约翰逊太太会如期而至，而且每次都会把狗打扮成迪士尼公主的样子：贝儿、灰姑娘、白雪公主。但我和凯西都认为艾莎的造型最棒，黛西穿蓝色裙子很好看。很多次，约翰逊太太都是一个人带着黛西过来，凯西有时也会陪着。

一天，约翰逊太太忧心忡忡地来到医院给狗做例行化疗，坐在轮椅上的凯西看起来情绪异常低落。这位妈妈告诉技术员，她在黛西身上发现了一些肿块，她认为是癌症复发了。黛西这次没有穿公主服，而凯西的脸上也不再有灿烂的笑容。技术员卡西迪也很担心，她把狗带到后面让我检查。我把黛西放在检查台上，用手感知着它的淋巴结：脖子上、肩膀上、腋窝和腹股沟，还有膝盖后面。我又把它们都摸了一遍，想再确认一下。淋巴结都很正常。黛西的病情仍然在继续缓解，它的背上虽然有两个新的软组织肿块，但和淋巴瘤没有任何关系。

黛西（可卡犬）

"你真是个好女孩儿！"卡西迪为这个好消息感到高兴。接着，她把狗按住不动，好让我用针头和针管从两个肿块中提取样本。在显微镜下可以看到，这些组织显然是脂肪瘤或良性脂肪囊肿。作为一只上了年纪的可卡犬，黛西身上有许多皮肤疣和皮脂腺囊肿。趁它的血液化验检查还在进行，我前往候诊室会见约翰逊太太，试图减轻她的担忧。

"它怎么样，大夫？"她迅速从椅子上站起来问道，蓝色的眼睛急切地注视着我的脸。

"黛西很好。您发现的那些肿块是良性脂肪瘤，和它的癌症没有任何关系。随着年龄的增长，可能会出现更多这样的脂肪肿块，就像现在的这些一样。"

我看到约翰逊太太松了一口气。我弯下腰，把手放在凯西的腿上。凯西明白这是个好消息，她咧开嘴笑了起来。

约翰逊太太咯咯地笑道："让我们把这些叫作它的老太太疣吧。但我们爱它，爱它的疣和它的一切。在我们家，我们学会了庆祝我们所有的不完美。而黛西无疑有很多要庆祝的，是不是，凯西？"

她笑着说完这些，给了我一个感激的拥抱。我回到后面去查看黛西的验血结果，并核准它的化疗剂量。

约翰逊太太让我思考了很多。如果我们都能够自由自在地庆祝自己的不完美，生活可能会少一点儿阴郁，多一点儿欢乐。看着我头顶上越来越少的头发，我已经正式开始考虑戴假发的问题。我虽然不想说"假发"这个词，但我想提前正视这件事，所以考虑了一些方案。我也考虑过主动"自我软禁",就是待在家里直到头发重新长出来。然而,这可能需要很长时间,我躲不了那么久。但有一个令人困惑的问题是,我觉得假发看起来很假,而我从来都不会作假。我甚至都不会去美甲,即使它风靡一时。我觉得戴假发或帽子就像是我躲在戏服后面。我要做我自己,毫无保留。

我听说有一种戴在头上能保护毛囊的冷却帽,可以作为备选方案,我会进一步研究一下它是否适合我。我知道我对头发的执念是不理智的。换作是我的女性朋友,或者甚至是可爱的黛西,无论她们有没有头发(或毛发),我都不会区别对待她们。我知道我的朋友们对我的感觉也一样,但我会觉得好像每个人都会为我悲伤或遗憾。在内心深处,为了我亲爱的儿子彼得,我不想显得"与众不同"——也就是没有头发(我说不出"秃头"这个词)。为了他,我应该坚强起来,我不想让他难过或可怜我。我想我选对了职业。兽医当中流传的一个笑话是,患者压根儿不在乎我们长什么样子、穿什么衣服、梳什么发型,即使没刷牙也无所谓,这对于一个中学生来说可能是一件不错的差事。

🐾

五个月过去了,谢天谢地,黛西越来越好。它的疣长大了一点,但当它穿上公主装时,没有人会注意到这一切。约翰逊太太在平衡家庭责任与带狗狗来治病这两方面很有经验,她以如此可爱而平静

黛西(可卡犬)

的方式来处理这些事，令人觉得不可思议。

但是，有一天，约翰逊一家没有带黛西来做例行的化疗复查。前台人员打电话给他们家，想重新安排个时间，但却只能给他们的语音信箱留言。一开始，我认为这没什么，每个人都会在某个时候忘事。然而第二天，约翰逊一家还是没有回电话，我感觉事情有些不太对劲儿。几天过去了，仍然没有他们家的消息。尽管那几天我们这边又打了几个电话，但直到两周后，我才接到了约翰逊太太的来电。

"一号线，约翰逊太太和黛西，一号线。"对讲机大声地叫了起来，我赶紧冲向电话机。

"嗨，您还好吗？"我急忙问道。话筒的另一端传来一声深深的叹息。

约翰逊太太说："这几周我们有点儿忙。很抱歉我们错过了黛西的预约检查。"

"那不算什么。一切都还好吧？我们一直很担心。"

"凯西的病情有点儿复发。一开始我们以为是感冒，但因为她一直坐着，感染很快就扩散到了肺部。我们以前也遇到过这种情况，"这位母亲向我吐露，"她无法呼吸。最后我们不得不叫来救护车，给她吸氧，然后把她送到可以接着治疗的儿童医院。凯西在重症监护室待了十天。"

"我很抱歉。她现在怎么样了？"我小心翼翼地问道。

"哦，她好多了。我们回到家里了。我们还要给她做雾化治疗，但她已经好多了。"我能从约翰逊太太的声音中听出她很疲惫。

"我很高兴她好多了。您是一个了不起的母亲，也是位非常坚强的女性。有您在，您的家人很幸运。"说完，我为黛西预约了第二天的治疗，然后挂断了电话。

我坐了下来，有点儿发抖。我无法想象那种弥漫在这家人心头的忧虑，以及他们那不可思议的坚韧。能再次见到约翰逊太太和她的狗狗真是太好了。还好，黛西的表现一直都不错，即使错过几周的治疗也应该不会让它的病情有太大的变化。

自从我被确诊患了 C 字病后，每个和我接触的人都告诉我，我有多坚强，换成他们肯定会崩溃的。我在想，要不要对一个正在经历这些事的人说，他们很坚强？一个人的坚强是天生的，还是环境使然？当生活将真正的困难摆在我们面前时，我们是不是都会很坚强？尽管如此，与约翰逊一家要应对的那些困难相比，我的麻烦只不过是小事一桩。

第二天，黛西来了。依然是用那条亮粉色牵狗绳牵着，而绳子的另一端则是疲惫不堪的约翰逊太太。肿瘤科护士高兴地将她们迎了进来。凯西留在家里休养。技术员把黛西带到后面，把它放到了检查台上。我屏住气，给黛西做了体检。"谢天谢地。"我喊道，恢复了正常的呼吸。黛西的检查结果很好。它化验了血常规，并顺利地接受了化疗（和饼干）。

在接下来的一年时间里，凯西又住了两次院，这两次的情况还是那样令人担惊受怕。但约翰逊太太还是继续费心兼顾着照顾女儿

黛西（可卡犬）

和治疗黛西这两件事情。又过了两年，谢天谢地，黛西的病情奇迹般地被控制住了。显然，我们的"艾莎"没有学过关于它的疾病的行为守则。到了第三年，我们只能定期见到约翰逊一家。

黛西现在 14 岁了。在我为它做治疗的这几年时间里，它从来没有出过差错。通过这么多次的治疗，我看到了这家人对凯西和黛西无尽的爱，也真切感受到了他们日复一日的善良和温柔。能有机会用这种微不足道的方式帮助到他们的狗狗，并向他们学习，我深感幸运。

02

本特利（比格犬）

接受真实的每一天

本特利活在当下，它不是用坚韧不拔的意志来对抗病魔，
而是抓住眼前的每一个时刻，享受当下的一切。

"嘿，大夫，谁会先死？"

我顿了一下，大脑飞速转动。"您说什么？"

坐在我对面的这个男人是想找乐子还是想找麻烦？

"不，说真的。大夫，谁会先死？"

这是我下午 1 点的预约。比恩先生和他的狗因为兽医上周做的组织活检而找到我。本特利是一只 9 岁、已绝育、肚皮拖地、体重超重的三色雄性比格犬，它气喘吁吁地看着我，肚子都快贴到米色的油毡地板上了。一位大概 60 岁出头的绅士在另一头牵着红色尼龙狗绳。比恩先生穿着一身棕色的西服，搭配花呢背心。他看起来很紧张，有些坐立不安，一只无处安放的脚不停地点着地。当一个人需要去看肿瘤科医生时——无论是给动物还是给人看病——这种紧张都是可以理解的。

为了更好地了解本特利的病情，我从一系列常规问题入手。"它以前有过任何健康问题吗？它排尿困难有多久了？它的尿里有血吗？"比恩先生的回答简短而生硬。显然，要么是他不想来我这里，要么就是他今天早上起床时心情不好，也可能是每天早上都不好。

本特利（比格犬）

但获得充分的病史信息有助于更好地对患者进行治疗，所以我还是坚持继续问下去。

"本特利的胃口怎么样？它有没有变瘦？"

"看在上天的份上，它是一只比格犬！它的胃口当然很好，您看它哪里像瘦了？"

我微微一笑。这个男人双臂交叉，怒视着我。我把本特利抱到检查台上，轻叹了一声，看来我今天不需要锻炼了。我开始给它做检查——嘴巴、耳朵、眼睛，听了听它的胸腔，又摸了摸它的肚子。

"我给本特利做个直肠检查，您不介意吧？"我问比恩先生。

"您可以做任何要做的事。"他回答道，同时稍稍转过身去。

我让一名肿瘤科护士走进检查室，帮我抱住本特利。没有人喜欢被检查直肠，而这件事的另一面是，没有人真的喜欢给别人做这个检查。但这是工作的一部分，而且现在比我在兽医学校时好多了。以前在给奶牛做鉴定时，我们的卫生护具——直肠"手套"——是一只长长的、一直延伸到肩膀的橡胶袖子。它虽不是最新的款式，但强烈推荐备上一副。

我戴好检查手套，为了容易插入还加了一点润滑剂。技术员抱着本特利，它是个好孩子，没有扭来扭去。我把食指伸了进去，触诊到了它的前列腺。在一只绝育的公狗身上，我应该完全摸不到这个器官，除非出现了感染、囊肿或癌症。不幸的是，本特利的前列腺有 3 厘米大，而且形状还不规则，像一个剥了壳的核桃，顶着它的结肠（大肠），这会使排泄物更难通过。

"本特利排便困难吗？"我问那个男人。

"还好吧。"比恩先生说道。

"它的大便有没有变细或变小，或者像丝带一样？"

"嗯，您提醒我了，它们是比以前细。"

本特利患上了前列腺癌。这在狗身上并不是一种很常见的疾病，尽管随着年龄的增长，公狗可能会得上这种病。猫则不用担心得上这种病，因为它们没有前列腺。有时，与人相比，狗的这种疾病可能更具侵袭性。一部分原因是它对于动物更加致命，另一部分原因是我们对狗的诊断太迟——狗不能准确告诉我们有什么事情不对劲儿。我建议比恩先生用大便软化剂。

本特利的大便变细了，因为肥大的前列腺顶起了它的肠子，使肠道变窄，粪便更难以排出。尽管膳食纤维素很有用，但宠物们不喜欢它。还好，南瓜罐头是一个不错的选择，狗狗一般都喜欢吃。作为一只总想吃东西的小猎犬，本特利应该能够毫不费力地把它们咽下去。

当时，治疗前列腺癌唯一可行的方案是化疗。当我讲解各种化疗方案时，比恩先生听得很不耐烦。

宠物们在治疗中表现得相当好。或许你隔壁邻居的狗此时正在接受化疗，而你可能从来没有注意到。虽然有些猫和狗会呕吐或腹泻，但这并不常见。这是因为动物肿瘤医生给它们用的药要低于它们人类病友的剂量，也因为我们努力的目标是在延长生命的同时提高宠物们的生活质量，而不是根治癌症。

尽管比恩先生看起来很不耐烦，但我们还是仔细讨论了一下化

本特利（比格犬）

疗的副作用和费用。幸运的是，这种治疗让本特利感到难受的概率只有15%。它可能会有几天不吃东西，或者胃部不适。比恩先生发了一通脾气，但我依然接着说了下去。本特利的心脏也有可能会受到影响，尽管可能性很小。这种化疗药物会对心肌造成损害，甚至导致心力衰竭。我们会首先检查本特利的心脏，以确保没有结构性问题。比恩先生说他没有其他问题了，然后告诉我他还有别的事要做。我后来才知道"比恩先生"实际上是"比恩医生"，他是一位精神科医生。

尽管看起来冷漠，但比恩医生还是选择开始化疗，他愿意做任何事来帮助他的四条腿同伴。本特利开始发出只有猎犬才能发出的嘶叫。我给了它一些饼干，它狼吞虎咽地吃了下去。（它知道如何控场。）本特利的治疗方案是，每三周进行一次静脉化疗，一共五次。本特利每次的治疗时间都不会超过30分钟，但是比恩医生紧皱的眉头和抖动的脚清楚地表明，他宁愿待在除了这里之外的任何地方。本特利跟着我向后面走着，鼻子紧贴地面，探索着沿途的新气味。

我的三人肿瘤科团队张开双臂迎接本特利。它摇着尾巴，他们又给了它一些零食。有人管这种方式叫"行贿"，但本特利只看见了美食。无论是哪种方式，效果都是一样的。它立刻和团队打成了一片。他们带着本特利到大厅的另一头去做心脏B超。在一家大型兽医院工作的一个好处就是，有各种专家通力合作，给宠物提供尽可能好的护理。我看着它一路闻着气味走了过去。

本特利侧躺在桌子上，一名技术人员给它刮掉了一小块毛，传感器将放置在那里，这样我们的心脏病专家就可以进行超声或超声心动图操作。兽医测量了本特利心脏四个腔室的大小，然后评估血流情况并进行进一步检查。当我走进检查室时，心脏病专家告诉我，这只小猎犬的心脏状况良好，可以进行化疗。

我带着本特利回到我的地盘，在那里，两名技术人员给它做了一次心电图检查，给了我们一个基准读数。有了这个治疗前的读数，我们可以将其与之后的心电图进行比较，以确保我们没有对心脏造成伤害。我们想尽最大努力保护这个重要的器官。

当技术员杰姬开始准备化疗药物时，我走到候诊室告诉比恩医生超声心动图的结果。他两眼无神地看着我。

"好吧，我们现在要给它做第一次化疗了。"我一边向后面的治疗区走去，一边轻轻地说，仍然看着比恩医生。这个男人的神情却没有任何变化。

我走进房间时，本特利再次侧躺在了治疗台上。两名技术人员抱住它，杰姬将导管插入它的右后腿静脉，一次就搞定了。这不是她的第一次竞技秀。每个技术员都穿着防护服。

我告诉我的团队，比恩医生态度冷淡，我很难和他沟通。

"他最好对你好一点儿，"杰姬插话道，"我是认真的。"

杰姬是一位永远的守护者，总是为了我和同事们的幸福挺身而出。她身高约1.73米，眼里不揉沙子。

"他很好，真的，"我向她保证，"有些地方似乎不太对劲。我没想到一个以倾听为职业的人会是这样的。"

红色的液体在十分钟内慢慢地注入本特利的血管，本特利安静

本特利（比格犬）

地躺在那里，而人们为了让它保持冷静和放松则对它大赞一通"好孩子""好狗狗"。若非如此，十分钟对它而言可能会显得过于漫长。当注射器空了之后，技术员拔出导管，在伤口处缠上绷带，压住伤口不让它再出血。本特利又得到了几块饼干，接下来我们护送它回到比恩医生身边。这位绅士接过牵狗绳，转身离开，用几乎听不见的声音说了句"谢谢"。

第二天，我打电话给比恩医生，想了解一下本特利第一次治疗后的情况。没有人接电话。我留了言，但一直没人回复。

🐾

三周后，小猎犬准时在预约复查的时间嗅着进了门。杰姬从比恩医生那里简单地了解了情况。

"它最近似乎安静了些，"比恩医生说，"它睡得有点儿多，也不再对着邮递员叫了。不过，吃起饭来仍然像个吸尘器。"

技术员告诉比恩医生她要把本特利带到后面去验血，之后兽医会出来告知他结果。当我看到本特利时，我注意到它似乎有些无精打采。它仍然想要吃饼干，但已经不再是以前对什么都好奇的那个它了。我趁实验室进行血液化验时给它做了个体检，尽管它的指标没有明显的异常，但还是有问题。我的团队给它做了心电图，机器发出了嘟嘟声。还好，这不是它嗜睡的原因。这时，我拿到了本特利的验血结果。本特利的白细胞数值很低，而我们需要白细胞来抗感染。我们的身体在骨髓中制造这些快速生长的细胞，而化疗针对的往往是那些长得最快的细胞。我让技术员给本特利量了体温，39.9摄氏度。这个数值虽然有些偏高，但对于一只狗来说，还没有达到危险的程度。猫和狗的体温通常比我们人类的要高，在37.8摄氏度到39.2摄氏度之间一般都是正常的。可是，对于一只无忧无虑的狗来说——特别是还伴有白细胞数值偏低的情况——39.9摄氏度就有些令人担忧了。

我还记得自己在一次化疗后的感觉。化疗之后过了两周，我去了医院，感觉非常不舒服，没有一点儿精神。抽血员抽取了我的血样，结果发现我的中性粒细胞（用来抗感染的特殊白细胞）数值非常低。正常人至少有1600个中性粒细胞，理想的情况是3000个或更多，而我的却是100个！此时，一知半解也许是一件非常糟糕的事情，我害怕极了。我深知其中的风险，也了解最坏的情况。白细胞数值这么低，我会更容易感染，而正常人可能连个喷嚏都不会打。不过我知道，这个数值不能恢复到正常水平的概率是很小的，幸好很小。是啊，其实知道这些并不是什么好事。

急诊医生给我开了口服抗生素以防感染，又给我打了一针，促进我的骨髓生成新的白细胞。我必须把自己隔离在家里，以减少与细菌的接触。第二天，我又验了一次血，测量白细胞的数值。我很幸运，当我还在医院时，我的白细胞数值就开始回升了。先别笑，我相信这个方法管用。当然，这是在打了三天针、去了三次医院和服用了整整一周的抗生素之后。但白细胞的数值还是回升了。

本特利（比格犬）

本特利带着防止感染的口服抗生素回家了。考虑到这只狗是那么喜欢吃东西，比恩医生不费吹灰之力就能每天两次、连续一周地给它服药。我们把本特利的化疗推迟了一周。继续治疗会让它的细胞数值降得更低，这可能会相当危险。当我们让本特利出院时，比恩医生甚至看都不看我们一眼，匆匆出门而去。

🐾

过了一周，本特利来了，像往常一样准时，显然它感觉好多了。它拽着牵狗绳，用鼻子搜寻着新的气味，不再有任何昏昏欲睡的迹象。卡西迪把它带到后面去检查白细胞。我给它做了体检，又做了一次直肠检查。它像个骑兵那样站着。虽然我仍然能摸到本特利的前列腺，但它的大小已经缩小到了 2.25 厘米——缩小了 0.75 厘米。对于仅做了一次化疗的它来说，这种效果已经很不错了。技术员带着验血结果回来了。还好，它的白细胞数值正常。我和比恩医生讨论了这两个好转的迹象，但当我转达这些令人高兴的消息时，他没有流露出任何情绪。我又看了一遍治疗方案，说我们会减少给本特利的药物剂量，希望它的白细胞数值不会因此再降到危险的程度。比恩医生点头表示同意，但一句话也没说。我看了这位精神科医生几秒钟，然后转过身去照料本特利。治疗很顺利，比恩医生带着他的狗急匆匆地走了。

🐾

本特利第四次来就诊时，我走向他们，坐到比恩医生身边。他的右脚敲击着地面。他看着我，我也回看他。其实治疗和照顾一个患者，哪怕它是个毛茸茸的四条腿的患者，也需要参与其中的每个人之间的相互理解和同情。我友好地伸出橄榄枝："您今天还好吗，比恩医生？"

"您知道吗，您还没回答我的问题。"

"哪个问题？"

"我们谁会先死，我还是它？"

我仔细打量着他的脸，试图搞清楚他为什么要问我这个问题。当然，我有一些客户的年纪很大，而他们要照料的狗狗却还很小，他们想知道是否能够有机会一直陪伴一只精力充沛的小狗。这种担忧可以理解。但现在似乎不是这样，比恩医生才 60 岁出头。总之，在我看来，他很健康。当然，我曾经认为自己也很健康，然后我就被告知患上了 C 字病，我又能知道些什么呢？

比恩医生打开了话匣子。每次带本特利来治疗时，他似乎对一切都守口如瓶。今天，他终于敞开了心扉。他在分享时，面部开始变得柔和。他整个人放松了下来，肩膀向下耷拉着。

他告诉我，他热爱精神科医生这个职业，而且一直相信自己做得很好。一年前，比恩医生的消化道开始出毛病，不是有一点儿腹泻，就是偶尔会胀气。但随着时间从几周延长到几个月，他的临床

本特利（比格犬）

症状变得更严重了，胃肠道问题使他很难正常工作。比恩医生去看了内科医生，内科医生给他预约了胃肠道专家的肠镜检查。他严格完成了那些令人不快的准备工作：前一天晚上什么都不吃，喝下似乎怎么也喝不完的可怕液体，以及无数次去洗手间。肠镜检查的结果是非特异性的——没有什么可担心的。可是，比恩医生的症状却更严重了。他换着吃了几副药，似乎有些用，但随后他的症状又卷土重来。几个月后，他又做了一次肠镜，以及接下来更多的检查。

"我得了晚期结肠癌。"比恩医生坦言。我把手放在他的胳膊上，心顿时一沉。

比恩医生低头盯着地面，本特利正在他脚边呜咽着。"我活不了多久了。"他直截了当地说。

突然间，一切都再明白不过了。得知他和他的狗狗的生命正在走向尽头，这对他来说肯定太难以接受了。我曾经以为我了解眼前的这个人，他似乎对本特利的化疗预约非常恼火，他对日常生活真的有很多不满。比恩医生告诉我，当他不得不忍受一切——各种化疗方案、放疗、试验性药物时，本特利从未离开过他的身边。当比恩医生只能躺在床上，从他希望能抑制癌症生长速度的疗程中恢复时，本特利会陪他一起躺着。本特利没有要玩球，也没有要求出去长距离散步。它不吼不叫；它只是安静地待在主人身边，让他得到最好的休息。

反之，当比恩医生状态不错时，本特利又恢复了原来的样子，它热情地陪伴着主人，摇着尾巴，兴高采烈地享受着眼前的时光。

本特利活在当下，接受真实的每一天。现在，比恩医生想要为他忠实的伙伴做他所能做的一切。比恩医生想要成为本特利的力量支柱，就像他的狗狗一直为他所做的那样。对比恩医生而言，尽管来到这家兽医院是件很难的事——因为这会提醒他自己正在经历什么，但本特利似乎总是很高兴见到我们。比恩医生想要带给本特利一段最美好的时光，无论时间多长，只要他能做得到就好。本特利不是用坚韧不拔的意志来对抗病魔，而是抓住眼前的每一个时刻，享受当下的一切。但显然，这对比恩医生来说并不容易，这也可以理解。压倒这一切的是比恩医生对自己会比本特利先离开这个世界的极度恐惧。而如果本特利先过世，这位好医生将不得不为失去它而悲痛欲绝。

"那么，谁会先死呢？我还是它？"他又问我。

这叫我怎么回答呢？他们都在与时间赛跑，这是一场没有人想要结束的比赛。这似乎不公平，我的医疗团队也总是对我说：癌症是不公平的。不过此时此刻，这可不是什么安慰的话。我不确定这句话有没有安慰过人。它也许是句实话，但不是一个人想听到的实话。

"我，我不知道。"我结结巴巴地回答道，声音很小，几乎听不见。当了几年兽医之后，我嘴里先冒出来的是这几个字，这可真是太棒了。比恩医生还在看着我。

"我不知道。"我重复了一遍，也许这一次会更有说服力。"但是我知道，您现在人在这里，而您是来帮助本特利的。本特利也在尽力让自己开心。还好您的狗没有受很多副作用之苦，而且，在接下来的治疗中它也会表现得很好。您给了它很多快乐的日子。对我们所有人来说，活在当下是很难的，但本特利就快乐地活在当下：它很高兴看见太阳每天都会升起，它为它得到的每一块狗饼干而傻乎乎地兴奋不已，它喜欢和您在一起。最重要的是，您和它一起度过了这段时光。"

🐾

我很早就意识到，在我与疾病做斗争的过程中，我的信念来自周围很多了不起的人。我想，在这一切发生之前的一年左右，我有点儿迷失了自我。作为一名兽医、一位母亲、一个妻子，我每天操劳不已，竭尽全力维持生活，我早已经精疲力竭了。我觉得很孤独。回顾过去，我不会改变我的任何选择，但这个诊断却让我停了下来，给了我时间，让我找回自己。我知道，我过去不是，现在也不是孤单一人。我珍惜与朋友和家人一起度过的时光，这些美好的记忆陪着我去接受治疗，并在我难受的时候给我带来安慰。

我正在慢慢学着照顾自己。我其实更擅长照顾别人而不是自己，但如今我正在努力学习。我的自尊过去常常来自待办清单中打钩的项目。虽然我还没有找到对自己好的乐趣在哪里，但我已经搞明白了一些事。我知道回馈自己很重要，这样我才能感到充实，才能继续付出。如果我们感觉不到充实，就没有什么可以给别人的。这一课我学会得太晚，但我急于为我那十几岁的儿子做个榜样，这样他就不会疲于奔命，总是把自己放在最后。我并不是说，换个活法我就不会得那个 C 字病。我只是想说，我过去肯定可以多爱自己一些，今天仍然可以。生活总是在进行中，我还有很长的路要走。而我现在更加明白，我正尝试着对自己好一点儿。我会努力吃好、休息好，仔细倾听我身体的声音，我有段时间没有留意它了。事实上，我确实听到了它的声音，但我仍然不管不顾。

我不知道有没有什么特殊症状被我忽视了。相反，有一大堆症状都告诉我，我的身体已经到了极限。我疲惫不堪，就像蜡烛两头烧。傍晚时，我一坐到沙发上就很快睡着了。然而，我会在凌晨两点醒来，脑袋里充斥着各种生活琐事。化妆也不能完全遮住我眼睛下方的黑眼圈。我的湿疹火力全开（当然只是在脸上）——当我超负荷运转时，它总是出来凑热闹。最重要的是，尽管我感觉不是很好，但我还是一如既往坚持着。我说服自己，搞定其他所有的一切比把自己列入需要照顾的清单更重要。

🐾

我把本特利领到后面，给它抽血做了检查。幸运的是，减少化疗剂量的效果很理想：本特利的白细胞水平恢复了正常，可以安然地接受第三次化疗。它的心电图和体检结果都很正常。然后本特利又接受了直肠检查，我想它会为了一块饼干而做任何事。这只小猎犬的前列腺又缩小了 1 厘米，只有 1.25 厘米了，几乎摸不到了。本

本特利（比格犬）

特利侧躺着，以便我们将化疗药物注射进它的左后腿。与此同时，我一直在思考比恩医生的问题。

三周后，本特利来到了候诊室，准备复查。虽然我和我的团队还在后面，但我们可以听到这只小猎犬的叫声。本特利时间到！

比恩医生告诉杰姬，这只狗的表现不错。杰姬现在对这个男人有点儿心软。本特利拽着牵狗绳，迫不及待地想要到后面去，它知道我们把食物放在那里。在给它做了体检、直肠检查、心电图，并看过它的验血报告后，我来到前面准备和比恩医生聊聊。他坐在一排空椅子中间，似乎在微笑。他没有穿那身三件套西装，他今天穿的是卡其裤和海军蓝色的羊毛夹克。他的脚不再拍打地面，脸上也没了愁容，他似乎对到这里来感到了一丝丝的快乐。我在他身边坐下。

"您今天好吗？"我问道。

"本特利的情况怎么样？"

"本特利很好。它的体检结果不错，验血也正常，我也摸不到它身上肿大的前列腺了。而且它还长胖了。您呢？"我又问了一遍。

比恩医生露出了宽慰的笑容："我还行。日子有好有坏，但今天是个好日子。这么说，我的狗还不错？"

"是的，它很棒。"我让他放心。我注意到比恩医生的脸色看起来比我们两个月前第一次见面时苍白了一点，他似乎也瘦了一点。我问他工作多不多，是否顺利，这让他打开了话匣子。他告诉我，尽管他的健康堪忧，但他十分幸运。精神科医生能够与他的病人一起坐下来，倾听对方说的话并给出指导意见。他与我分享了他治疗过的许许多多与毒瘾抗争的人，以及这种现象在美国社会中是多么普遍。毒品的泛滥让他感到困惑，但他一直致力于提供力所能及的帮助。

就在我们坐着聊天的时候，肿瘤科团队正在一丝不苟地给本特利进行静脉化疗。他们把它带到前面，结束了我和比恩医生的谈话。

"下次见。"我亲切地与他告别。

"下次见。"他回答说。我从他的声音中听出了一丝友善。

每天，在客户身上，在家人和亲爱的朋友们身上，我都会"看到"人们各种各样的伤疤。比恩医生身上的伤疤显然更多。我个人也正在累积比我想象中更多的伤疤。没错，我的腹部有手术留下的疤痕，上面绑着绷带，好像这样我就能忽视它们一样。但这些疤痕是意料之中的，可以用药膏和抗生素来解决。而另外一些还在形成的伤疤所带来的痛苦却要深刻得多，也更难抚平。这些伤疤会主导我们的行为和我们对遇到的任何事情的反应。我们中的一些人选择将伤疤藏起来，另一些人则把它们戴在袖子上，不时地看见它们。我从事兽医工作的目标是帮助宠物的主人渡过难关，尽量减少新的

本特利（比格犬）

伤疤形成，并在世界看起来如此残酷的时候提供知识并给予同情心。把手放在一个人的肩上或给他一个真诚的拥抱可能是最好的非药物手段。

🐾

我度过了忙碌的三周，有新的客户打电话来，想要在我们空闲的情况下预约个时间来见我们。癌症没有旺季，但最近不知为什么，似乎总有新的病例冒出来。拒绝新患者是很难的，特别是当它们患有这样或那样的癌症时。宠物的主人很担心，想要了解宠物的病情。我没有注意到比恩医生把本特利的最后一次预约推迟了一周。当比恩医生和本特利出现时，他们像以往一样准时，只不过晚了一周。

"嘿，本特利小子，你好吗？"杰姬问道，小猎犬抬头看向她，气喘吁吁地摇着尾巴，舌头伸在外面。比恩医生解释说，这只狗很好，没有需要报告的问题。本特利一路小跑到后面，准备用血样换取几块牛奶味的骨头饼干。我给它做了常规体检和直肠检查，并评估了它的心电图。谢天谢地，今天我能向比恩医生报告好消息。我觉得这会让他高兴起来。

我出门走向候诊室，但在看到比恩医生时我却放慢了脚步。他坐在那里，有点儿萎靡不振，看起来不像往常那样干净利落，显得有些憔悴。他穿着那件蓝色的羊毛夹克，但这次搭配的是灰色运动裤，而不是卡其裤。然而，一看到我他就坐直了，露出了微笑。他在试图掩饰自己异常糟糕的心情。

"嗨，您今天好吗？"我在他身边坐下，轻轻地问道。

"还好吧，"他说，"今天是那种不太好的日子，但我会没事的。我的本特利怎么样？"

"本特利很好。一切都很正常。而最好的消息是，今天是它最后一次治疗！"我给了他一个大大的笑容。"我们要在几个月后再给本特利做检查，以确保它一直都很好。到时候，我们可能会做腹部超声波检查，进一步判断它的腹部状况。"比恩医生点点头表示同意。

"您知道最难以忍受的是什么吗？"比恩医生坦率地说，"我母亲不得不看着她的儿子一步步走向死亡。事情本不应该是这样的。"他补充道。

他是对的。他母亲的痛苦和悲伤显然已沉重地压在了他的身上。

"我不希望如此。"他说。

我问比恩医生我可不可以抱抱他，他同意了。

我们拥抱了一会儿，当他想要松手时，我坚持了一下。有时候，当生活快要撑不下去时，你需要的只是一个真正的拥抱。无论这个男人有多么拘谨和含蓄，也不例外。我感觉到他的肩膀垂了下来，我感觉到他正在放松。他长长地叹了一口气，我的眼眶也湿润了。

本特利一路蹦蹦跳跳地紧跟着两名技术员走了进来，我们放开了手，我迅速擦去眼中的泪水。狗狗叫了起来，我们都笑了。杰姬、卡西迪和我望着比恩医生和本特利慢慢走向大门。本特利很聪明，总是能从它两条腿的主人那里得到某些暗示。

本特利（比格犬）

本特利的化疗结束后，我再也没有收到比恩医生的消息。我意识到，我是多么期待他们的每一次到来，多么希望我们每次能多聊一些。

在兽医界，一般来说，没有消息就是好消息，但是鉴于比恩医生的这种情况，我一直想知道他怎么样了。一年后，我试着在网上搜索比恩医生的信息。不幸的是，他已经去世了，他的许多病人对他的悼念令人感叹不已。他们感谢比恩医生改善了他们的生活，在某种程度上也拯救了他们的生命。我有幸认识了比恩医生和他的朋友本特利，并见证着他们给予了彼此多少支持与关怀。我一直不清楚这场生命的竞赛结束时究竟发生了什么，我现在也不想知道。但我愿意想象，本特利和比恩医生又幸福地生活在一起了。

生活破破烂烂，狗狗缝缝补补

03

科斯莫（金毛猎犬）

好的心态跑赢了概率

希波克拉底誓言教导我们：以不造成伤害为先。
因此，对科斯莫来说，我们的目标是提高它的生活质量，
而不是用一个问题来取代另一个问题。

我喜欢脑子里什么也不想，每天很早就开始接诊。我只想卷起袖子来干活。

清晨，兽医院的候诊室里空无一人，电话也一声不响。这个时候到医院来的感觉很好——平和而宁静。

而如果我被癌症中心安排在上午第一个预约时段做放疗，情况则正好相反。医院里总是人头攒动。我们几个坐在那里，等待放疗团队开始他们一天的工作。无论谁在前台办理签到手续，都要报上自己的姓名和出生日期，感觉像是名字、军衔和编号。这些士兵没有一个是自愿来的。

我们无声地坐着，低头看着手机，每个人都想尽快做完离开。一些人要去上班，一些人则会回家补觉。我们似乎都有点儿紧张，至少我是这样。通常，没有人会说话，但我们都知道彼此在经历着什么。即便如此，我还是忍不住想和旁边甚至稍远处的人聊聊。"那么，你是因为什么进来的？"我有时会问。对患者而言，确诊就像是被判入狱，而我们正在走向牢房。我真的认为我挺风趣的，但我却感觉我的"狱友们"并不总能理解我的幽默。

科斯莫（金毛猎犬）

每天都要做放疗并不是件容易的事。然而，幸运的是，我从来都不是一个人来到癌症中心，我亲爱的丈夫或我的一个好朋友坚持陪我一起来。而且，我还和遇到的几位女士建立起了长期的候诊室友谊。我每次来治疗都会寻找她们，希望能看到熟悉的面孔，了解她们的近况。我的这些候诊室伙伴都是单独前来的。珍尼丝来自曼哈顿上东区，因乳腺癌而"入狱"。我们见面总是会聊两句，互相打气，同时试图填补我们在被叫去治疗之前的空当时间。我们每个人所纠结的"必要的损失"都不一样。珍尼丝对化疗和放疗最大的恐惧是失去睫毛。我的睫毛早已弃我而去。我们把她的睫毛称为她的"小朋友"。她头发掉光了这件事似乎并没有让她感到困扰，也许是因为戴着假发的她看起来很漂亮。

来自纽瓦克的一位女士真的为脱发而高兴，因为她一直苦恼于自己脸上那令人望而生畏的汗毛，现在这也不再是个问题了。另一位女士以前时不时地把剃光头作为时尚的宣言，所以脱发并不会令她苦恼。第四位女士不管还剩几绺头发都不会放它们离开。至于我，我为失去的每一个毛囊而哀悼。

🐾

从癌症中心回到工作岗位后，我进入检查室去见今天的第一个客户。科斯莫·恩格尔是一只 14 岁的金毛猎犬，已经绝育，体重87磅^①。在查看它之前的医疗记录时，我发现它曾经出现过大量的健康问题：长期的甲状腺疾病、三种其他类型的癌症、关节炎、膝盖手术、喉麻痹、吸入性肺炎，还有心脏病。过去的几周，科斯莫左后腿的活动越来越困难。它的兽医发现它肢体肿胀，X光报告显示那里有一个肿块。兽医给它做了组织活检。科斯莫已经因为这次的癌症诊断看过其他的兽医专家，但它的主人始终无法接受这个悲惨的消息。我认识它的"妈妈"劳拉·恩格尔，她也是一名兽医。我们上的是不同的兽医学校，但曾一起接受过培训（当时她是实习生，我是肿瘤科住院医师）。那是很久很久以前的事了，自那以后我就再也没有见过她。当她和她的丈夫埃里克走进来时，我给了他们每个人一个大大的拥抱。接着，我伸出手摸了摸科斯莫，它躺在地板上，朝我晃动着它那毛茸茸的金色尾巴表示问候。

这对夫妇向我介绍了科斯莫的详细情况，因为他们已经带它做过检查，或者说经历了一系列检查。由于患上了组织细胞瘤，科斯莫已经无法走路了。这是一种侵袭性非常强的癌症，正在侵蚀着它的膝盖骨。鉴于它的体形和体重，它的家人用一辆红色的玩具马车载着它四处活动。如果不知道这背后令人悲伤的原因，看起来还挺可爱的。科斯莫已经无路可走了，恩格尔夫妇深知这

---

① 1磅=0.454千克。——编者注

科斯莫（金毛猎犬）

一点。此外，科斯莫的腹部有一个比正常尺寸稍大的淋巴结，所以它的癌症完全有可能已经扩散到那里了。话又说回来，淋巴结中可能没有癌细胞，那只是一种试图阻止癌症扩散的反应，尽管是徒劳的。恩格尔夫妇已经得知了这个坏消息，但他们还在等我带给他们一些希望。

希望往往是渺茫的。我总想尽力给一家人带来希望：今后的日子会更好，他们的宠物会有更长的寿命和更健康的生活。但我不得不把现实和希望糅合在一起，对未来毫无准备对任何人都没有好处，我更倾向于诚实与同情兼顾。

我们详细讨论了科斯莫的病情。恩格尔一家没有孩子，科斯莫充当了这个极其宝贵的角色。它是他们一生的挚爱，他们拥有 14 年的美好回忆。多年以来，他们一家三口一直在缅因州欢度 9 月的时光，他们会去远足和游泳。至少，科斯莫游了。对于大多数非缅因州人来说，缅因州的海水常常冷得无法下水，但金毛猎犬似乎对此并不在意，科斯莫永远不会错过在海中戏水的机会。恩格尔夫妇帮科斯莫战胜了所有的其他疾病，它已经解决或目前正在解决的那么多问题对他们而言并不重要了。在这次组织细胞瘤发病之前，它的生活质量一直都很好。科斯莫很老了，在兽医看来已经是相当高龄了，特别是对于大型犬来说。但年龄并不是一种疾病，所以我们要考虑的是给它用什么治疗方案。

恩格尔夫妇知道这种类型的癌症通常发展很快，所以我们考虑了各种可能的方案。其中一种选择会让恩格尔夫妇感到沮丧，那就是把病变的肢体截掉。尽管对我们人类来说，这听起来很可怕，但许多只剩三条腿的狗也过得非常好，几乎和以前一样。它们跑来跑去，追逐飞盘，跳上沙发，就像它们有四条腿时那样。但科斯莫的另一条腿也做了膝盖手术，这意味着它那条"好"腿没那么强壮。而让这个问题雪上加霜的是科斯莫的关节炎。它目前正在服用大量的药物，这些药物已经帮助它很好地控制住了病情。但截肢会让剩下三条腿的担子更重，从而使它的关节炎病情恶化，并严重降低它的生活质量。当药物甚至针灸都无法缓解关节炎带来的剧痛时，有些狗就会被实施安乐死。希波克拉底誓言教导我们：以不造成伤害为先。因此，对科斯莫来说，我们的目标是提高它的生活质量，而不是用一个问题来取代另一个问题。而且即使截肢，它的癌症也很可能在两三个月内复发。恩格尔夫妇最终拒绝了这个方案，这是可以理解的。

第二个选择是放疗，我认真地评估了其中的风险。幸运的是，猫和狗不会患上常规的"放射病"，即它们不会恶心、呕吐或腹泻。如果的确出现了副作用，往往也仅限于治疗所涉及的部位。对科斯莫来说，这意味着它的左腿可能会出现类似晒伤的斑痕。局部用药会有一些帮助，但可能需要几周的时间才能消除这种症状。此外，科斯莫的毛不会全都长回来。新长出来的毛是白色的，但科斯莫不会在意。

作为一个需要放疗的人类，我被放疗灼伤的可能性更大。我在更衣室里见过那些皮肤鲜红的女人，那样的皮肤看起来就让人觉得

科斯莫（金毛猎犬）

很疼。我看着她们小心翼翼地脱下衣服，尽量不碰到痛处，真的是感同身受。医生强烈建议我在放疗部位涂点润肤霜，让情况不要变得太糟。我来到一家药店，在15种润肤霜里挑挑拣拣（谁知道有这么多种）。我买了经典款，它像幼儿园里用的浆糊一样黏稠，我称之为"我的战斗迷彩"。如果我是一名即将上战场的士兵，我就需要防护装备。在五周的放射治疗中，我每天都要给腹部涂两次润肤霜。我非常幸运，皮肤没有受罪。我躲过了一颗子弹。

对科斯莫来说，放疗意味着不需要做任何类型的手术。它可以保住所有的腿，但仍然存在一些严重的问题。即使治疗成功缓解了它的病情，可能也无法恢复它的行走能力。是否要花上一大笔钱让宠物接受放疗，却不知道能有多少效果，这真的是一个两难的选择。在科斯莫这里，受影响的骨骼已经非常脆弱，随时有可能会断成两截。这种骨折是癌症侵蚀了整个骨骼造成的，而且，可以在短期内杀死癌细胞的放疗也会使它没有足够的时间长出新的、健康的骨骼。因此，放疗可能会使它的腿比现在更加脆弱。

在分析科斯莫的预后时，恩格尔夫妇和我知道不做任何治疗将会发生什么，我们也清楚治疗所伴随的风险。放疗的作用可能不会太大，但也可能有几个月的效果。我有一些得了同一种病的患者，它们中有一些很好地存活了一年，但也有一些很快就去世了。

当我问及自己的医生我可能的预后时，却没有人给我一个数字。没有百分比，没有统计资料。三位医生异口同声、不谋而合，尽管他们工作的地方并不在癌症中心的同一侧。他们告诉我，数字是没有意义的，重要的是我怎么做。每天，我都会给出数字：病情缓解的概率是多少，持续多长时间——以天、周或月为单位，有时甚至可以用年。不管这个数字是多少，我都会告诉宠物的主人，让他们了解我们要面对的是什么。不切实际的希望并不是有价值的礼物。这些家庭需要知道前方有什么，知道他们还有多少时间可以和他们的宠物共度。我可以像专家一样飞快地说出这些数字。除了知晓一个全面的决策所涉及的概率、成本和风险外，我们兽医还能指望宠物主人如何选择呢？但对我这个人类病人来说，我什么都没有，是个零蛋。他们跟我说，无论你是属于被治好的那部分人还是表现不佳的那一小群人，数字都已经不重要了。也许他们是对的——以最好的心态接受治疗比较好。而宠物的心态永远都是最好的。

恩格尔夫妇选择了放疗。

周一，科斯莫驾着它的红色马车来到兽医中心，开始了它的疗程。它一共要来四次——第一次是做 CT。CT 扫描将有助于我们全面了解它的癌症分布情况，标出放疗的攻击目标。遗漏或错过治疗部位的任何癌细胞的后果将是灾难性的——宁可杀错也不可放过，所以我们会把增大的淋巴结也包括进来。一名兽医麻醉了科斯莫，把它送进了 CT 机。不到一个小时就能获得所需的图像。为了确保设置的前后一致性、可重复性和精确性，我们给它的下半身做了个模子，这样它每次就可以躺进去。周三，科斯莫将回来接受第一次放疗，连续做三天。

科斯莫（金毛猎犬）

我去做放疗时总是穿得很漂亮，我认为我应该看起来精神焕发，哪怕我的感觉糟糕极了。我不会让这个 C 字病打垮我的。这是我战斗计划的一部分。反之，我的丈夫，我所爱的男人，在和我一起来的时候，却穿着那条他在粉刷我们第一个家时穿的深蓝色运动裤，相当休闲。说起来有点儿尴尬，我在 16 年前就买了这条运动裤，而且在怀孕时还穿过。现在，我亲爱的伴侣则穿着这条斑斑点点的裤子抛头露面。

我们每次都坐在候诊室里，直到放疗接待员喊我前往 433 号机器。那天早上，我穿了一身漂亮的红色连衣裙，而迈克则穿着那条丢人的运动裤和一件领口破损的长袖 T 恤。放疗技术员进入候诊室走到我们面前，向迈克俯下了身。

"打扰一下，先生，"放疗技术员小声说道，"我现在可以扶您去接受治疗了。"她温柔地伸出了手，以为迈克才是那个需要协助的 C 字病患者！我忍不住咧嘴大笑，意思是"我早就告诉过你"。我以为这次的经历会让他放弃这身运动服，但是我错了。

🐾

科斯莫仍然不能自己走路，所以第一次接受放疗的它是被轮床推进来的。恩格尔夫妇看起来有点儿紧张，特别是在做出这样一个艰难的决定之后，而且只有能够真正地改善他们的狗狗的生活质量，这个决定才有意义。但是情况真会如此吗？技术员将狗从轮床抱到治疗床上，讽刺的是，患者所躺的治疗床虽然叫作床，但其实这张床一点儿也不舒服。

那个周三，科斯莫和我们在一起待了大约45分钟，接着是周四和周五，在一周之内完成了它的放疗流程。它是一个很好的患者，只需很少的麻醉剂就能让它静止不动。为了确保我们瞄准和治疗的部位是正确的，并且覆盖所有的正确部位，当机器在运行时，宠物不可以移动。人在接受放疗时可以遵从这个简单的指令，但无论宠物有多么听话，它都不可能完全一动不动。

我在放疗时会用数数来打发时间。我想我应该尝试一下冥想，但难度太大了。我光溜溜地躺在那里，身上只盖着一张床单；机器的嗡嗡声挥之不去，让我焦躁不安。当这个东西绕着我来回旋转时，我在心里数着"1001，1002，1003……"我知道，当我数到1065时，我就做完了。砰！机器关机了。我跳起来，奔向新的一天。

科斯莫的放疗没有立刻出现副作用。周五做完本轮最后一次放疗后，恩格尔夫妇用那辆红色的玩具马车把它接上车。车子缓缓行驶到大街上，放疗小组向他们挥手告别。哦，我在心里说，但愿这次能管用，为了科斯莫，为了恩格尔夫妇。但我知道治疗起效需要时间，如果真有效果的话更是如此。

到了9月中旬，我也完成了自己为期两周的放疗。每天往纽约市跑一点儿都不好玩，哪怕只是为了薪水；不过我的一个女性朋友每次都开车送我，这无异于救了我的命。而不幸的是，我开始出现一些下消化道的副作用。我以前从来没吃过止泻药片，但这小小的药片很快就和我形影不离。我曾经开玩笑说，我一直想穿进6码的衣服，但不是以这种方式。而且医生告诉我，没有掉体重有多重要。我的大多数猫狗患者的体重最后都增加了，因为动物不会遭受同样的副作用之苦，而且人们会给生病的宠物改善伙食。但医生、护士、放疗医师、医师助理和宣传手册等都告诉我，在这个过程中维持体重是多么有必要。嗯，作为一个超级听话的人……我重了8磅，是的，8磅！我把它们叫作我的"备胎"。

🐾

科斯莫做完最后一次放疗后10天左右，我接到了恩格尔一家的电话。它正在尝试走路！一开始它试图自己站起来，后来变成了慢走。它需要家人的帮助，恩格尔夫妇在它的上腹部绑了个背带，好助它一臂之力。没想到治疗后这么快就传来了如此令人高兴的好消息！

放疗结束两周后，我见到了回来复查的科斯莫。它没有痛苦，虽然放疗部位没有毛发，但它的皮肤是漂亮的浅粉白色。它的膝盖很灵活。那条病腿也强壮多了，尽管治疗之前它曾经因缺乏运动而有些肌肉萎缩。然而好消息是，现在科斯莫不仅自己站了起来，而且可以不借助任何外力轻松地在房子和院子里走来走去！恩格尔夫妇曾经考虑过取消一年一度的缅因州秋季徒步之旅，但受到科斯莫情况改善的鼓舞，他们决定照常去——带着科斯莫一起。

恩格尔夫妇给我发来了科斯莫在缅因州东部旅行的照片，他们兴致勃勃地在阿卡迪亚国家公园那美不胜收的公路上漫步。科斯莫像一只小狗一样走在家人前面，好奇地嗅来嗅去，背景中的红色、橙色、黄色和绿色映衬着它那金色的毛发。看到照片，我不禁笑了起来。当科斯莫径直跳进湖里游泳时，恩格尔夫妇目瞪口呆，欣喜若狂。他们从未失去希望，而他们得到的回报是，能够在他们最喜欢的度假地点与他们最喜欢的伙伴一起，为他们14年美好的回忆再添上一笔。

每隔几个月，恩格尔夫妇就会带科斯莫过来，这样我就能及时关注它的情况。及早发现异常问题，无论对人、对猫还是对狗来说，都是至关重要的。我每次都会给科斯莫进行体检、验血，并安排腹部B超检查。偶尔，我们也会给它做胸部X光检查。整个评估过程大约需要45分钟，而等待是很难熬的。劳拉很熟悉这些，但当我回到诊疗室时，我能感觉到她的担忧。我冲她笑了一下。科斯莫一切正常，她长长地松了一口气。

我能理解她。下周一我将结束我的放疗。在癌症中心的墙上挂着一个巨大的铜钟，下面垂着一根又长又粗的编织绳，好让患者在完成放疗时敲响它。我见（也听说）过其他人在放疗结束后这么干过。每个人都鼓起掌来，并由衷地为他或她感到高兴。我之前说我不想敲响它，是因为在我做完接下来的化疗之前，我还不能完全"结束"。但一直给我打气的迈克想在那里看到我敲响那该死的钟，以宣告这段旅程的终结。所以，我要尽绵薄之力，我会自豪地敲响它！

恩格尔夫妇和他们心爱的科斯莫去了两次缅因州，一年一次。他们会不时地给我发来记录着快乐时光的照片。科斯莫和它的生日蛋糕、科斯莫在万圣节、科斯莫叼着它的圣诞玩具……科斯莫跑赢了概率，肿瘤整整两年都没有复发。正是这类成功案例支撑着我做着现在所做的一切。

"三号线，科斯莫·恩格尔在三号线。"喇叭里响起了接待员的声音。我伸手拿起了电话，非常期待能听到科斯莫最近一次嬉戏的消息。但在我们互相问好的那一刻，我从恩格尔医生的声音中听出来，她要讲的是一个坏消息。她告诉我，他们的宝贝几周前开始一瘸一拐了。一开始，他们以为它可能是在周围遛弯时太累了，但休息和治疗关节炎的药物都不管用了。她把科斯莫带到她的诊所，给它的腿做了 X 光检查。

"它的腿断了。"她道出了实情，言语中流露出的悲痛击中了我。我的脑海里乱成一团，无法形成一个连贯的念头。我们坐在冰冷的塑料电话听筒两端，一言不发。

"你确定？"我问道，不愿相信自己的耳朵。

"是的，我让外科医生和放射科医生核实了检查结果。我不知道我该怎么做。"但我们都知道她将不得不做的是什么。

这太让人伤心了，这只 16 岁的金毛猎犬正在经历一些它无法摆脱的事情。科斯莫骨折的地方是在癌症原发的那条腿上，可能是组织细胞瘤的复发软化和侵蚀了骨头所致，或者是它接受的放疗产生了相当罕见而可怕的副作用。想要弄清楚原因的唯一方法就是麻醉并对它的骨骼进行组织活检。然而，无论是什么原因造成的骨折，此时唯有截肢才能确诊。让科斯莫再次接受骨骼活检意义不大，因为从长远来看这其实没有什么用，甚至在短期内也是如此。

恩格尔医生的声音里充满悲伤。

"我们一直说，我们的目标是让它拥有最好的生活质量，"她开口说道，"我们非常感激你，多给了我们两年和我们的宝贝在一起的时间。它过得很棒。我不知道怎样才能报答你。"

"这是我的荣幸。我喜欢收到你们发来的照片，喜欢看到科斯莫最近又去哪里玩了。我希望这个时间能够更长些，但它这两年真的过得很不错。"

考虑到科斯莫过去的所有健康问题和它的年龄，恩格尔医生告诉我，他们将为它选择安乐死。我们挂了电话，但说好会保持联系。尽管很难放手说再见，但恩格尔夫妇不忍心看到科斯莫继续受苦。他们将在自己的家中完成这件事，因为那里是科斯莫觉得最舒服、最安心的地方。听到这个消息，卡西迪的眼睛里噙满了泪水。我提醒她，科斯莫度过了如此美好的一生，又多拥有了高质量的两年时

科斯莫（金毛猎犬）

光。我问我的技术员，她是否想要一个拥抱，她张开双臂回应了我。对这个家庭和医院里的我们来说，这是悲痛的一天。我们都爱那只金毛猎犬，我们知道我们一直会非常想念它。

04

迪肯斯（苏格兰犬）、
"鼓手"和纽顿（拳师犬）

全心全意的爱

所有的胡思乱想都是在浪费时间和精力。
在那么多年治疗猫狗患者的过程中，
我已经领略了无忧无虑的益处。

我在上小学三年级时就决定成为一名兽医，而且我从未动摇过这个想法，一次也没有。一直以来，兽医对我来说不仅是一份工作，而且也是一种生活方式，更是一种使命或责任。但我从来就不是那种给知更鸟的断翅打上夹板的小孩。这里我得解释一下，我妈妈说野生鸟类身上携带病毒，不允许我触碰它们。当我在小学里最好的朋友试图救助一只从窝里掉出来的雏鸟时，我给出了意见和建议，但作为一个严守规则的人，我并没有去触碰那只小鸟。

小学二年级时，我的父母离婚了。我的妈妈独自抚养两个年幼的孩子。对我们来说那不是一段轻松的日子。为了给我们的新家带来欢笑，一直喜欢狗的妈妈决定养一只狗。

妈妈开始翻看美国养犬俱乐部（AKC）的品种图册。她打电话给朋友，和养狗人聊天，想找一个合适的品种。几个月的时间就这样过去了。

那真是一个漫长的冬天——我对狗的期盼使它变得更长。毕

迪肯斯（苏格兰犬）、"鼓手"和纽顿（拳师犬）

竟，妈妈答应过我们，但我们还什么都没有得到。第二年春季的某一天，我在放学回家的路上向正在花园里干活的邻居问好。

"嗨，格林太太。"我说。

"哦，亲爱的，"她说道，"你快回家吧！你妈妈有一个惊喜要给你！"

一只狗！一定是一只狗！我用最快的速度跑过了半个街区。我冲进家门，一边扔下背包一边喊着妈妈。

"我在这儿！"我听到了她的声音，但声音是从房子的另一边传过来的。我跑过走廊，发现妈妈在我的卧室里。

"你在粉刷我的房间？"我难以置信地喊道，"这就是那个惊喜？"

"是啊，我知道你想要一间粉红色的卧室，所以我决定动手刷一间。"

"这不是惊喜，"我回答道，感觉每个毛孔都在表达我的失望和抗议，"格林太太说是个惊喜。"

"哦，你以为会有另外的惊喜吗？你想要的是一只小狗吗？"

"对。"

"你应该先去客厅的。"

"什么？"我顿时精神一振，立刻跑到客厅，接着在那里找到了一只小小的黑色苏格兰犬，它好好地藏在狗窝里。我打开了狗窝的门，它摇摇摆摆地向我走过来。它的胡须乱七八糟的，就像一个胡子拉碴的老头儿。我把它抱起来，立刻闻到了它那小狗的气息。我紧紧地抱着它，感到无比幸福。迪肯斯——这个名字如此贴切，也非常适合它。它是一只精力旺盛的狗狗，经常在后院里和一群孩子追着足球玩。在寒冷的冬天，我们带它去密歇根州当地高尔夫球场的山上滑雪，它的腿毛上挂满了小冰碴子。不过，迪肯斯最喜欢的消遣是在花园里挖洞，这时常让妈妈火冒三丈。我总是自豪地夸口说，我教会了我们的苏格兰犬一条口令：坐起来要吃的。虽然它只会这一招儿，但它知道如何强迫我们款待它一顿或给它一块做三明治剩下的面包皮。

然而，迪肯斯在 5 岁时失去了活泼的特性，变得无精打采，吃得也不多了。妈妈带它去看了兽医，兽医说它的淋巴结很大，告诉我们那叫作淋巴瘤。那是 20 世纪 70 年代，唯一可用的治疗方法是类固醇药物。回到家里，迪肯斯继续躺着，当时只有我陪着它，我们并排躺在餐厅的地毯上，远离家中的人群。我连续陪了它好几天。没过几周，妈妈又带它去看了兽医，但这一次它再也没有回来。我想这就是我第一次经历这个可怕的 C 字病。

我为迪肯斯难过了好几周。但当我的悲伤逐渐平息下来后，我真的很想再养一只狗，而且我决定这次要把事情掌握在自己手里。我从书架上翻出了妈妈那本美国养犬俱乐部的《犬类大全》，研究了书里讲到的各个品种，圈出了我喜欢的，划掉了我不喜欢的。最后，我找到了完全合我心意的狗：拳师犬（boxer）。

拳师犬：警觉、自信、仪表堂堂，活泼有度；顽皮而有耐心，坚

迪肯斯（苏格兰犬）、"鼓手"和纽顿（拳师犬）

韧、无畏、聪明、忠心耿耿，这些使它成为人人渴望拥有的伙伴。

——美国养犬俱乐部《犬类大全》

精力充沛的运动员，警觉的家庭守护者，有着令人着迷的美。当它在人们身边雀跃时，总是能引起人们的赞叹。作为一只"四季皆宜"的狗，它最大的愿望就是和孩子们在一起，守护着他们。它最大的特点就是对人类情感的渴望。

——美国拳师犬俱乐部

我不太清楚"雀跃"是什么意思，但我知道我想要它陪在我身边。我央求妈妈再给我买一只拳师犬，她当时没同意。我一直央求了好几周。最后，我们达成了协议：如果我存下足够的钱，我就可以自己买一只小拳师犬。我想听到的就是这个。在做了许多零工和照顾婴儿的工作后，我用好几个月的时间攒下了足够买一只小拳师犬和一年狗粮的钱。当我告诉妈妈我的"好"消息时，她吃惊得下巴都要掉了，于是她信守诺言，开车带我去见她在报纸上找到的一窝本地小狗，并从中挑选出一只拳师犬。我们带回了一只八周大、浅褐色的小公狗，我的世界又一次恢复了正常。我给它起名叫"鼓手"。我们很快就打成了一片。

"鼓手"是我生活中的亮点和命脉，它常在我感到不安时给我带来安全感。由于妈妈的工作时间很长，它就成了我忠实的朋友，带给我陪伴、乐趣和消遣。最重要的是，"鼓手"是一个允许我爱它的生物，而且它也很爱我，全心全意。拥有它以后，我一直都很喜欢拳师犬。正是我和它的亲密关系让我坚定了长大后要成为一名兽医的想法。

在我生活中的许多重要时刻，拳师犬一直是一个重要的见证者。它甚至帮我找到了真爱！我的丈夫迈克也是一名兽医，不过他的专业是眼科。25 年前，我们在纽约相遇，当时我是一名住院医师，而他还在医院实习。我还记得我第一次见到他的情景。那是一个温暖的夏日傍晚，我正准备离开医院，带着我的拳师犬"闪电"去遛弯，这时，一个人引起了我的注意。他中等个头，棕色头发，身材瘦削，穿着卡其裤——正是我喜欢的类型。不知为什么，看到他让我的心脏都跳得快了一些。我想，多么完美的机会，我要带着"闪电"去接近他。我的狗停了下来，嗅着一小片绿草，此时我发现自己正在盯着我的新暗恋对象。尽管这个可爱的家伙已经尽了最大努力，但他还是不知道该怎么过马路！交通信号灯马上就要变红，而亮着的人行横道标志也在不停地催促着：走啊！走啊！街道上挤满了黄色的出租车和横冲直撞的小汽车，它们一个劲儿地响着喇叭。这个 20 岁出头的小伙子背着一个大背包走下路肩，后面拖着的两个行李箱发出了"砰"的一声。总是有左转的车辆驶过人行横道，迫使我的暗恋对象冲回路边。已经变了好几次绿灯了，但他就是过不去。就在我正要走过去帮他一把的时候（或者给他一些纽约式的勇气），我看到他调整了一下背包，然后在人行信号灯亮起时深深地吸了一口气。这一

迪肯斯（苏格兰犬）、"鼓手"和纽顿（拳师犬）

次，他下定决心、排除万难，终于走到了马路对面。我摇摇头笑了，意识到我已经失去了认识他的机会。哦，好吧，"闪电"是前男友送给我的礼物，我怎么能指望它带我去找新的男朋友呢？况且，我还需要"闪电"帮我这个来自中西部的女孩顺利挺过纽约严格的住院医师培训呢。

第二天，我在看完上午的患者后前往兽医院的药房，出现在我眼前的这个人不正是昨天那个一直在奋力过马路的家伙吗？还能是谁呢！他仍然穿着卡其裤，外面套着一件干净的、上了浆的白大褂。他是每年这个时候被分配到医院的新实习生当中的一个。尽管目睹了他前一天过马路时的"惨状"，但和他说话时我还是很紧张。不过，这位实习生笑容迷人，看起来很友善。我欢迎他来这里实习，并表示如果他需要，我很乐意提供任何帮助。我没有透露我看到了他在纽约过马路时需要帮助的事。虽然说不清楚为什么，但他让我感觉很亲切。后来我得知，迈克是从堪萨斯州来的——我在曼哈顿市中心找到了另一个来自中西部的人。

🐾

我们六岁的斑点拳师犬纽顿一直陪伴着我，充当我的保姆。我把大量的时间花在了客厅里，在好人本·马特洛克（Ben Matlock，电视剧《辩护律师》的主角）和警督可伦坡（Lieutenant Columbo，电视剧《神探可伦坡》的主角）的指导下，我成了探

生活破破烂烂，狗狗缝缝补补

案专家。纽顿是个很棒的伙伴，它那双温柔的棕色眼睛每天都深情地凝视着我。当我们把它抱回家时它还是一只小狗，养狗人告诉我们它很"特别"，我觉得很奇怪，因为所有的小狗和小猫不都很特别吗？随着它慢慢长到成年，我们渐渐地明白了养狗人的意思。纽顿从来不会叫。门铃响了，似乎来了个不速之客，但它还是不叫。拳师犬天生就是工作犬。在第一次世界大战中，它们被用作警卫犬，它们本应该叫的，但纽顿不会。而且，它也不知道什么时候该停止喝水。时间一分一秒地过去，而它仍然不停地舔着碗里的水。它一直在喝，直到我们喊"嘿，纽顿，别喝了"。我们后来发现，它的智力有缺陷，这是千真万确的。我给它做了核磁共振扫描，结果显示它的大脑不像正常的狗的大脑，而且它的大脑在头骨里的位置肯定是有问题的。更严重的是，它的大脑中央缺了三厘米大小的一块组织。那里没有任何组织，什么都没有。想象一下甜甜圈的样子吧。但我知道，它的"特别"只会让我们更爱它。它很可爱，尽管有时傻傻的。我们一心扑在它身上，纽顿也在全身心地爱着我们。即使我早上起来衣冠不整，它也不会在意。它不关心我化疗后稀疏散乱的头发是不是贴在了头上，它不会因为我连续几天躺在沙发上而指责我，我们也不会因为它没有在门口叫而数落它。纽顿给予了我和我的家人无条件的爱，我们也同样无条件地爱着它。

纽顿躺在我们深蓝色沙发的一侧，再次充当起我坚强的守护者。我屏住呼吸俯身去摸它。哦，请不要有事。我调整了坐姿，

迪肯斯（苏格兰犬）、"鼓手"和纽顿（拳师犬）

又摸了摸：纽顿脖子下面的淋巴结有些肿大。它们不是很大，但肯定超过了正常范围。不，不，在我自己正在战斗时，我们的狗狗不能得癌症。我害怕这会给我的家庭，特别是我的儿子带来太大的压力。彼得是独生子，所以纽顿就像他的"弟弟"。和它对我的爱一样，纽顿全身心地爱着我的儿子。

我不想告诉别人这个发现。我也许弄错了，也许是反应过度，也许我的兽医肿瘤学视角让我认为癌症是唯一可能的解释。我们需要给纽顿做检查，才能确定到底发生了什么。这会不会把我的家人推到悬崖边上呢？

我决定，不管怎样，还是应该温柔而坦诚地告诉我的丈夫和儿子。我发现，更好的方式是让人为未来可能发生的事情做好准备，而不是一下子承受坏消息的全面冲击。我们是一家人，我们应该一起做出决定。

我从沙发上爬起来，纽顿起身准备下楼。我这几天一直穿着睡衣，不过现在我换了一件宽松的裙子，穿上了勃肯鞋。我看着镜子里我脑袋上的头发：它们确实变薄了，但仍然能盖住我的整个脑袋。他们说除了我没人会注意这些，但我想他们只是在安慰我而已。哦，好吧，比起留一头秀发，还是活着更重要。我走下楼，发现彼得和迈克正在厨房里。我的小伙子正坐在餐桌旁玩他的笔记本电脑，纽顿在他的椅子下面找了个位置趴着。

"嘿，伙计们，我需要和你们谈谈。"我开口说道。迈克从咖啡杯上抬起头来，他从我的语气中听出有什么不好的事情将要发生；儿子也停止了打字。现在，我要注意措辞。

"我在纽顿身上摸到了一些东西，我想我们应该带它去做个检查。"

迈克的脸渐渐失去了血色。彼得从椅子上滑到地上，紧紧地抱住了狗的脖子。

"我摸到了一些比较大的淋巴结，"我接着说，"也许没什么事，也许事情会更糟……比如，癌症。"

我丈夫知道接下来将会发生什么。我们在一起后曾养过几只拳师犬。我们喜欢这个品种的狗，尽管它们受到癌症困扰的可能性相当大。你肯定不想养一只位于"癌症发病率最高的犬类"榜首的狗，但我想我是那种会一而再再而三地做同样事情的人，希望这一次的结果会不一样。可悲的是，有些癌症在这个品种的狗身上是会遗传的，这种基因异常往往可以上溯整整70年。如果事情真的如此，纽顿将成为我们第四只患上癌症的拳师犬。

"妈妈，我们怎么才能知道它的情况呢？"彼得问。我可爱的小伙子，我太爱他了，如果我可以瞒住他，我会的。我们都必须面对成长中的问题，但我永远不会希望我的孩子遇到这种情况。

"我可以做一些检查，看看是什么结果，亲爱的。"

"好吧，我们只能给它看看了。"彼得说。他拍了拍狗狗的头，接着说道，"没事的，纽顿。"

我忍着眼泪，深吸了一口气。我们三个人抱住了纽顿，我和彼得失声痛哭，迈克也泪眼婆娑。在做检查之前，我们似乎都已经"知道"了结果。

迈克开车送我和纽顿去医院，但我们到了之后他选择留在车里。我丈夫宁愿保持距离，让我去做事。他说他不知道能帮上什么忙，但我觉得只是因为这对他来说太难了：他的妻子和狗同时得了癌症。迈克不停地用手机收发着电子邮件，以此来缓解自己的忧伤，这样也有效地分散了他的注意力。

我下了车，走进那座灰色的砖砌建筑。我的员工向我和我的狗狗打招呼，给了我一个"你为什么会在这里"的眼神。

纽顿以创纪录的速度摇摆着它的拳师犬尾巴。我告诉了大家我的发现。

悲伤顿时淹没了整个团队，但他们不可思议地迅速行动起来，我职业生涯中的每一天所依赖的都是他们的这种反应方式。他们不仅是我肿瘤科的支柱，而且在很多时候，他们也是我个人的后援团。我们一起工作了很多年，在悲伤时也会相互安慰。当我们看到一只狗狗在冒傻气时，我们会一起大笑。我们互相帮助，一起分享家庭琐事。我深深地关心着他们，一路风雨同舟，他们也知道，他们的背后一直有我在。

我的团队训练有素，马上开始准备检查。尽管检查台有半人高，但纽顿还是轻松地跳了上去。当它和我一起上班时，它总是待在检查台那个绿色的垫子上，就好像它是这个城堡的国王。今天也和平时一样。这高高的一跳将我们从忧郁中拽了出来，我们惊叹于它的敏捷和热情。悲伤在短时间内迅速消散了。

生活破破烂烂，狗狗缝缝补补

技术员给纽顿抽了两管血，以检查它的白细胞、红细胞、血小板和脏器功能。实验室内部的机器在 15 分钟内就能给出报告。它的验血结果一切正常，没有问题。

我可靠的同事带着纽顿到走廊尽头去做肺部 X 光检查，我望着我的宝贝蹦蹦跳跳地跑远。再过 15 分钟，我就会知道结果。

还好，我没有在 X 光片中发现肺转移的迹象——也就是说，没有扩散。我深吸一口气：已经做了两个检查，还剩一个。

杰姬和卡西迪轻轻地按住我的狗，让它保持坐姿，我从它肿大的淋巴结中采集了样本。细胞穿刺检查很容易操作，就像是反向注射。我将针头刺入可疑的病变组织，然后向后拉注射器的活塞，吸出细胞。不需要缝合，也不需要包扎。这些细胞被放到载玻片上，打包好送到外部的实验室，病理学家会在染色后用显微镜进行检查。结果要在两天后才能拿到。我们会耐心等候，尽量不去想它。

两天过去了。我又回到了客厅——那个我化疗时"自我软禁"的地方。当我听到手机收到信息的铃声响起时，电视里正在播放某一集的《辩护律师》。我拿起手机，发现信息来自我的一名技术员，她发来了结果。我的狗得了癌症：淋巴癌。我呆坐在那里，有好几分钟都一动不动。

纽顿的确诊像一枚铅球一样击中了我。最近几天，新一轮的化疗已经快让我扛不住了。有时，严重的副作用使我好几天都下不了沙发。我这个鬼样子怎么能给我的狗做治疗呢？

我试图说服自己，我可以想办法攒点力气，每周开车带纽顿去治疗一次。但问题是，由于化疗的副作用，我已经几周没有开车了。

我的手机又"叮"了一声。我的朋友（也是同事）似乎知道我此刻思绪混乱，于是主动提出开车接送纽顿去医院。泪水刹那间模糊了我的双眼，我怎么能接受这种好意？但我又怎么能不接受呢？能和这么善良的人一起工作，我的心里充满了感动。我把检查结果和同事想要开车接送纽顿的事告诉了我的丈夫。我给团队回了消息，我们制定了一个时间表，每次由迈克开一程，某位同事开另一程。我不知道如何才能更好地回报团队的善意，但我知道总有一天我会回报的。

第二天早上 6 点，一辆银色的本田车准时地停在了我们家的车道上。纽顿认出了兽医护士，它开心地穿过草坪，跳上她的车，尾巴摇成了一个圈儿。这只拳师犬完全没有戒心，一心想着去兜风。我的同事扭头看向我，试图用温暖的笑容掩盖她眼里的悲伤，但我知道她的悲伤和我是一样的。

到了兽医院，纽顿走到秤上，他们给它称了称体重。我收到了一条关于它体重的信息，这样我就可以计算出它的正确药量。我回消息交代他们如何给它做第一次化疗。虽然我不在现场，也无法帮助我的狗狗，但我的团队会全力以赴。我完全信任他们。

迈克下班回家时把纽顿带了回来。你不会察觉到任何事有什么变化。这只拳师犬小跑到它的饭碗前，想看看晚餐是否已经奇迹般地出现在了碗里，然后闻了闻那只空碗。我拿起白色的陶瓷碗，往里面装满了它最喜欢的狗粮，它狼吞虎咽地吃完，接着就要出去。

纽顿似乎对它的第一次化疗处之泰然，而我自己近期的治疗则太过于折磨人。我手上打着点滴，在医院的病床上坐了八个半小时。回到家后，我通常会有大约四天半的时间不在状态，而且家里只有我一个人。迈克在上班，彼得在上学。只有纽顿陪伴着我，它是我最忠实的伙伴。

我没有想到我的治疗会出现我无法应付的副作用，而后来我出现了相当严重的骨骼和关节疼痛。那实在是太疼了，我放下了自尊，让一个女性朋友顺路过来帮我按摩双腿。我从来没有想过自己会央求朋友像这样照顾我，但我确实疼到了这种难以忍受的程度。当你真正需要帮助的时候，往往会抛弃尊严。

癌症中心的护士告诉我，这种副作用会慢慢消失的，但可能需要很长时间，比如一年。一年！我想，如果真的要持续那么长时间，我会尽我最大的努力不去抱怨。但疼痛真的吓住了我，我担心我无法再承受三次这样的治疗，现在我能理解为什么有些人最终放弃了治疗。然而，令人欣慰的是，我意识到每一次治疗都使我离结束更近了一步。这周我需要提升我的白细胞、血小板和红细胞数量。"心态第一"是一种治疗干预手段，这是一份全天候的工作，需要耗费大量的精力。

迪肯斯（苏格兰犬）、"鼓手"和纽顿（拳师犬）

纽顿第一次化疗之后的第六天，我穿着家居服来到厨房。迈克和彼得正在狼吞虎咽地吃着早餐，接着他们就要各忙各的了。他们放下叉子，看着我检查纽顿。我把它所有的淋巴结都摸了一遍，按压它的肚子，听了听它的心脏和肺。除了电视里早间新闻节目的嗡嗡声，厨房里安静得可以听到针掉在地上的声音。我笑着站起身来。纽顿的治疗一切顺利，让我们这些 C 字病人望尘莫及！第一次化疗就完全缓解了它的症状，而且到目前为止没有任何副作用，这真是非常乐观的进展。纽顿的信念似乎是："什么癌症？什么化疗？"我真的很羡慕它的心态。我们需要一些好消息，我和我的家人立刻欢呼起来。纽顿跳来跳去，尽管它根本不知道我们在庆祝什么。

"来吧，小伙子，我们去散散步。"迈克说着牵起了纽顿的狗绳，后者像往常一样迫不及待地转着小圈。

"你不用去上班吗？"我瞥了一眼烤箱上的时钟，问道。

"没事的，我还有几分钟。"迈克咧嘴笑着回答我。和纽顿一起在附近散步是我丈夫最喜欢干的事情之一。看到他们俩开心地一起出去玩耍，我笑了起来。

　　我的狗狗在门口等它的顺风车，好像它已经把拼车计划写进了日程表。我的肿瘤团队每周都会把它的验血报告和目前的体重发给我，然后我会回消息告诉他们用药剂量。不知道为什么，我拼命想把食物留在肚子里，而我的狗狗却在长胖。

　　在纽顿每次计划去化疗的前一天晚上，我都会给它做同样的体检。一开始，在摸遍它所有的淋巴结并确认病情仍在缓解之前，我会一直屏住呼吸。几周过去了，它的表现一直不错。两个月后，纽顿继续从容地应对着它的化疗日程，我也开始期待每次检查时它的淋巴结都正常，我不再屏住呼吸。然而，在它确诊后的第三个月，我像往常一样弯腰给它做体检时，我摸到它的淋巴结有轻微的肿大，癌症复发了。这么快的复发不是一个好兆头。一般来说，它的治疗方案应该能够将它的病情控制住整整一年。我猜测它的癌症另有发展扩散的趋势。

　　我把自己的发现告诉了家人，但尽量用一种见怪不怪的语气，幸好我还是有两下子的。彼得侧目看着我，不确定是否应该相信我，我想这是因为他还是个孩子。相反，迈克完全明白这意味着什么。我试图用苍白的微笑来掩饰我的担忧。我知道癌症的快速复发表明它有了侵袭性和抗药性。我用女童子军饼干来遏制那些念头，还求助于薄荷糖、《冰雪奇缘》，以及镇上最好的心理医生。

迪肯斯（苏格兰犬）、"鼓手"和纽顿（拳师犬）

第二天早上，我打电话给肿瘤科技术员，简要报告了我的发现。我更换了治疗方案，纽顿将不得不接受五个小时的静脉注射。不过，它已经习惯了整天待在兽医院里，等着迈克来接它。纽顿的座驾在早上 7 点到了，它像以往一样坐车离开，仍然很高兴当一只狗。

技术员等纽顿到了医院之后就会在它的静脉里放置导管，接入化疗药袋，然后开始五个小时的倒计时。它在那里，而我在家中休整，身上盖着毯子，十分想念它。

到了晚上，纽顿带着些许疲惫回来了。这一次它没有像往常那样迫不及待地吃它的狗粮，然后窜到后院自己玩耍，最后再把自己塞进它的小窝。我目不转睛地看着它，但我不想惊动我的家人。我的化疗似乎对我很有效，我等待并盼望着它的化疗对它也同样有效。

一周过去，纽顿睡得更多了，尽管它精神状态很好，但我不确定我的家人是否注意到了它明显的疲态。他们已经习惯了我们的狗狗在我养病期间一直待在我的身边。我已经整整五天没有去摸纽顿的淋巴结了，直到我再也控制不住想去检查一下的念头。淋巴结的肿胀明显变软了，而且也稍小了一些。我们的方向是正确的，尽管只是迈出了一小步。

三周过去了，纽顿即将接受它的第二次化疗。如果治疗有效，它会每三周做一次时长为五个小时的化疗，一共五次。它已经做完了第一次。

一家人用过晚餐，我让纽顿在厨房里坐好，给它做体检。迈克和彼得期待地看着我，在我的脸上寻找着蛛丝马迹。迈克本可以给我们的狗狗做体检，毕竟他也是一名训练有素的执业兽医。但他选择让我做这件事，他宁愿不知道真实情况。我不能说我对他有意见。他现在的任务是为我们所有人提供支持，这就很了不起了。我有时候也不想知道真实情况，但对真相的渴望总是占了上风。

"嗯，它们摸起来怎么样？"彼得问道，"它还好吗？"我能听出他的声音在颤抖。

"情况还不错，"我说，"淋巴结大约缩小了50%。尽管还不算正常，但肯定已经好多了。"我察觉到了两道射来的目光。"明天它将接受第二次治疗。这应该会让它的淋巴结进一步缩小。"

"来吧，纽顿，"我说，"我们上楼去休息。我们都要为明天留些力气。"说完，两位C字病患者一起上床去睡觉了。

第二天早上6点，纽顿和我站在门口，等着我的某位同事来接它。他们说狗狗在做任何事情时都是绝佳的伴侣，我只是从来没有想过我们会一起经历这样特殊的旅程。还好，还有女性朋友陪着我。当银色的本田车在路边停下，我和狗狗走了过去。纽顿急忙跳上后座，准备前往我的办公室去接受验血和化疗。它的血液从来没出过问题，如果一切顺利的话，今天也不会有什么不同。如果出了状况，我也很难在自己接受化疗的同时远程修改它的治疗方案。

我回到屋里，在我的朋友凯特来之前一直待在厨房里无所事事。我漫无目的地把几盆植物往这里移几毫米，再往那里移几毫米。我向灶台上喷了一些清洁剂，然后漫不经心地擦掉。我经历过有好有坏的日子，但现在我再次经历着这样的循环，治疗让我觉得难受。回想起我的第一次化疗，我的胃在惴惴不安中咕咕作响。尽管我给动物做化疗的时间已经超过了 25 年，但也许正是因为做了这么长时间，我在第一次接受化疗之前有点儿崩溃，恐惧瞬间吞没了我。

我还觉得癌症中心没有充分地向我说明这一天会是什么样的，对可能出现的副作用讲解得也不够详尽。我掌握的所有知识就像是一个放大镜，可以让我看到天花乱坠的药物广告中的所有风险，这些药物似乎比它们应该处理的病情更加糟糕。我想要答案。

我接受第一次化疗时是由迈克陪着的，这意味着当无辜的静脉注射护士进来给我安置静脉导管时，我的丈夫不得不目睹我的反应。我的心怦怦直跳，我开始一连串地大声咆哮："你要扎哪条静脉？输液需要多长时间？什么时候会出现副作用？有多严重？什么情况下我应该呼救？在实际注射之前，你们会给我服用前驱药吗？如果化疗药从我的静脉里渗出来怎么办？如果我要去洗手间怎么办？有没有人在我打这个玩意之前给我做一个全面的体检？我会疼吗？……"

护士手足无措地看着我，又看了迈克一眼，然后冲了出去。迈克给了我一个夫妻间才懂的眼神："住嘴！"但我可不想被堵住嘴巴。我没有拒绝治疗，也不是在无理取闹，至少不是故意的。我只是需要一些信息。但我真正需要的是有人——哪怕是任何人——来消除我的恐惧。还好，癌症中心非常擅长处理我的这种恐慌。

护士拖着一位沉着冷静、令人安心的助理医师回来了。助理医师耐心地回答了我那一连串炮弹一样的问题，而我则用一种"瞧，我说过吧"的眼神瞪着迈克。我觉得我发脾气完全是合理的，而且我相信我也不是他们遇到的唯一一个在化疗第一天发脾气的病人。不过，我还是向医护人员和迈克道歉了。

我在厨房里听到凯特的车正在我们的环形车道上绕行。她从生活、工作和家庭琐事中抽出了一天时间，开车送我去癌症中心。在验血和八个半小时的整个治疗过程中，她都会一直陪着我。今天，她将是我的"纽顿"。

我走到车前，凯特给了我一个大大的拥抱。她知道我很紧张，但我们不想谈这个。我们上了车，系好安全带，开始聊起我们的孩子，他们上的学校，他们忘记交的作业。我们还聊起各自的丈夫，最近看的书和电视节目。其实聊什么并不重要，因为我们聊天主要是为了联络感情，为了让我们更亲密，让我的大脑不再纠结接下来的一天或那些"如果"。

凯特极尽所能地活跃着气氛，尽管我们在不停地打趣，但我能看出来她也有点儿紧张。她不知道这一天要怎样度过，不知道我会是什么样子。凯特极力隐藏着她的情绪，但我们是多年的朋友了，她不说话我也知道发生了什么。我想这是双向的，她也知道我表面上的勇敢不过是掩盖焦虑的面具。

到医院大约需要 50 分钟。就在我们驶入停车场之前，我的电话响了。纽顿的验血结果出来了。我看完它，闭上了眼睛。很正常！谢天谢地！我迅速地给我的团队回复了消息，表达了我的感激之情，并交代了后续的治疗方案。

我有些焦虑，担心今天的治疗会使我正在遭受的听觉上的副作用进一步恶化。我一直有严重的耳鸣。我从一开始就发誓，我会完全用意志力来面对出现的任何副作用，就好像我有超能力一样。恶心、呕吐、腹泻或白细胞数量减少，我已经为这些风险做好了准备。然而，我忘了我的化疗药物里有一种会让我的耳朵出问题的药。

我和耳鼻喉专科医生约好在化疗前检查一下我的耳朵。在等待验血结果的同时，他们会检查我的两只耳朵并进行听力测试。希望常在，我希望这仅仅只是耳部感染。

走进癌症中心，我看到一位资深护士——她们叫她 Q 护士——穿过候诊室。她曾经是我团队里的一员。我点点头，给了她一个大大的笑容。知道她在这里，我觉得安心多了。

凯特和我一言不发地坐着。尽管我试图用聊天来打发这段空白的时间，但我的脑海里塞满了各种念头：希望我的验血结果正常，希望我的耳朵没事，希望我的化疗一切顺利。如果是我给别人提建议，我会指出所有这些胡思乱想都是在浪费时间和精力。在那么多年治疗猫狗患者的过程中，我已经领略了无忧无虑的益处。但是，即使是最刻骨铭心的道理也很难用在自己身上，而此时，我的情况已超出了自己的掌控。

我环顾四周，宽敞的候诊室已经坐满了人。每天有这么多人来到这里，像我一样等待着能够治好他们或者至少让他们的癌症不发作的东西。大部分人是和配偶或朋友一起来的，还有一些人似乎是全家出动。还好，很少有人是孤身一人。我们每个人都在用自己的方式去面对这一切。今天，我的方式就是焦虑。

他们叫到了我的名字，我的朋友留在了候诊室里，我回头看了她一眼，她冲我鼓励地笑了一下。

化疗的过程是从抽血开始的，我祈祷给我扎静脉的人动作干净利落。谢天谢地，她一次就搞定了。接着，她让我上秤称体重。我发誓，这是我有生以来第一次想在称体重的时候穿上所有的衣服，包括鞋子。以前，我会千方百计地想看到最轻的那个数字。有一次，我让护士给我减去 3 磅，因为我穿了靴子。但在与 C 字病抗争的过程中，多长出的几磅成了一件礼物。

迪肯斯（苏格兰犬）、"鼓手"和纽顿（拳师犬）

验血结果正常，没有发现耳部感染，我已经准备好进行接下来的化疗了。我在病房里安顿下来，等着医护人员给我放置化疗导管，凯特一直陪伴在我身边。

我回到家，家里人都在，包括纽顿。迈克看得出我有多么疲惫，但他表现得很激动，在门口拥抱了我，以示支持。见到他真好，尽管我知道他也精疲力竭了。彼得在楼上做作业，至少我希望是这样。纽顿有点儿不在状态，这说明它也累了一天。迈克为我准备了意大利面作为晚餐。他不傻，他知道什么食物能够抚慰我的心。迈克把盘子递给我，然后吻了一下我的额头。我在厨房里坐下，开始吃饭，听到了纽顿上楼时脚趾甲发出的摩擦声。它在狗窝里一觉睡到了大天亮。

05

纽顿，第二幕

无条件的爱

纽顿对它的化疗日程处之泰然。

我的狗狗从来不跟着概率走。

尽管如此，我们还是要打出我们手里的这张牌。

"纽顿！"我冲后门外面喊道。我的狗狗正和邻居的花斑猫僵持不下。我让它独自在栅栏围着的院子里待上几分钟，晒个日光浴。鉴于它是一只有着深色斑点的拳师犬，当它在阳光下睡觉时，我们说它在"打磨它的斑点"。这只狗狗喜欢太阳，但现在它却被一只过于自信或过于好奇的猫逼得走投无路。"纽顿，过来！"我用最严厉的语气说道。这只狗回头看了看我，权衡着自己的选择。是把这只猫赶出后院，还是听妈妈的话？哪个更好呢？"纽顿！"我又一次大喊。邻居们一定以为我疯了。狗狗跑了进来，它知道妈妈这一次是认真的。

几周前，第二次五个小时的化疗进一步缩小了纽顿的淋巴结，它一直很坚强。从它试图制服它的死对头——那只猫时表现出的活力来看，我得说它的状态还是相当不错的。我当然希望它的淋巴结都已经正常了，但至少目前的方向是正确的，我对此感到十分欣慰。随着我的日子变得比预想中更难过，我不会放过任何我能得到的好消息。

我在餐桌旁的电脑前坐下。我一直通过电子邮件与家人朋友保持联系。我不能忍受所有人都来问及我的情况，所以我群发邮件给这个大集体当中的每个人，告诉他们我的治疗到了什么阶段，以及我有什么感觉。我在这封电子邮件的结尾写道：

我想再次感谢你们所有人对我坚定不移的支持。你们非凡的爱与关怀深深地感动了我。你们帮助我度过这段疗程，让它比我曾经设想的还要好得多。我很感激你们出现在我的生命中。有时候，我不知道你们为什么都这么好，但我知道这足以让我说声谢谢。我一如既往地感谢你们，你们是一个女孩所能希冀的最棒的队伍。爱你们的勒妮。

"嗨，妈妈。"是彼得在喊，他和他的一位朋友放学回家了。我合上了电脑。男孩们把背包和不穿的夹克堆在了前门旁边的地板上。

"我们要去后院练习投篮。"他对我说。"来吧，纽顿。"说完，两个人和一只狗从后门出去了。我飞快地瞥了一眼，猫不在。比赛在车道上进行，纽顿跳跃躲闪着那只巨大的橙色篮球。纽顿在他们的一对一比赛中横插一脚，男孩子们都笑了。这一幕温暖了我。尽管正在接受化疗，但纽顿似乎总能在家人需要的时候出现，而且我知道这也极大地鼓舞了我的儿子。我希望我在与病魔战斗时也能为我的家人站出来，而不是单纯地消耗和拖累他们。我没有错过任何重大时刻，但在这些小事情上就不是很确定了。

迈克在养家糊口的同时也承担了家务。以前，当每个人都还很"健康"时，我和他更像是两条夜行船，试图在独立的工作生涯和恼人的家庭生活之间取得平衡。从事同一职业，我们都知道兽医这份我们都热爱的工作多么耗时耗力。如果我们在面对这一人生课题之前，能让自己好好歇息一下就好了——喘口气，给自己一点儿时间。现在，为了让日子过下去，很多事情都落在了迈克身上。他很好地扛起了这些担子，尽管有时我能从他疲惫的双眼中看出生活的压力。

我不再为彼得的学校生活和课外活动提供指导。我不想让他失望，但我安慰自己说，他在学会自我管理时会有巨大收获。过去，他的"我知道了"或"别担心"恰恰会让我担心，担心他会搞砸了。而现在，我自豪地看到我们的小伙子在我们需要他的时候已经可以挺身而出了。

这个周末迈克要前往波士顿做药物咨询的工作，我有点儿担心，主要是因为我不想成为彼得或我的任何女性朋友的负担。我希望我的儿子只做个孩子或者真正的少年就好，不用担心我。我可以试着自己来处理事情，但我的体力已不如以往了，有时我会觉得一整天都糟糕透了。但我会慢慢来，该休息的时候就好好休息。我还会叫很多披萨外卖——这是每个少年都梦寐以求的。

这两天，我花了很多时间在客厅里休息。彼得不时探头进来，我对自己说，他这是在确认我一切正常，但如果他是在看我是否足够清醒、是否可以抓到他在做些什么呢？事实上，他的出现让我很欣慰。我感受到了被爱，而且我知道，青少年通常都以自我为中心，而彼得却在关心自身之外的事情，这表明，我们现在做的事一定是正确的。

周日，我听到他开动了洗衣机。现在我反而开始担心了，他可是一个把脏衣服和干净衣服都堆在卧室地板上的男孩呀，究竟发生什么事了？我是妈妈，那个本应给他洗衣服的人。照顾他真的给我带来了乐趣，而我现在却像个肿块一样躺在沙发上。我让自己爬起来，慢慢地挪进洗衣房。尽管我为他感到无比自豪，但我还是听到自己说："放在那儿，让我来洗吧。"

周一早上到来得比预料中要快。真奇怪，周末的时间总是过得比工作日快。明天，纽顿就该进行它的下一次化疗了。今天，我要确认谁来接送它，还要检查它的淋巴结。纽顿在家里的表现还不错，尽管睡觉的时间比以往要长。话说回来，我也是。当彼得放学回家想要去玩耍时，纽顿都会积极参加。不然，我们的拳师犬就会像我的私人护士一样在我身边打转。

"嘿，这周我要去送纽顿吗？"迈克问道，他走进厨房，第一件事就是来一杯必不可少的咖啡。我的丈夫昨天深夜出差回来了，他在家让我松了一口气。

"是的，我很意外你会问我这个。你通常都会忘记，直到我提醒你。我可不是在指责你啊。"我一边说，一边向他抛了一个媚眼。

"嗯……"他欲言又止。

"嗯什么？你会去的，对吧？"我不能再麻烦其他人来接送我们的狗狗了。

"不，不，我可以开车送它。只是，嗯，我想它们又出现了。"他解释道，用一种特殊的眼神看着我。我觉得胃里好像打了个结。我希望迈克是错的。

"纽顿，宝贝儿，过来。"我对我们的狗狗说。

我摸到了它的淋巴结，这一次我从它的尾端开始，一直摸到它的头部，仿佛希望颠倒常规的做法能带给我一个更好的结果。

"见鬼。"我低声说。10个淋巴结中有7个肿大。雪上加霜的是，它的肝脏变大了，之前还是正常的。随着病情的发展，癌症很容易扩散到肝脏和脾脏。

我快要被吓死了。我原本计划着和纽顿一起渡过难关，这对我来说难道是个凶兆吗？我太爱纽顿了，爱它那温柔的棕色眼睛和它抬头看着我时那满是皱纹的脸。我对自己说，这与我无关，但我需要它。为什么它要得这样一种顽固的、有耐药性的癌症？我要如何保护我们的儿子不受打击？

我不知道，但我知道我们不能在彼得今天早晨去上学前告诉他，没有理由让他为此担心一整天。迈克和我的意见一致。

彼得和迈克出门后，我决定给我的工作团队发条信息，提前告知他们纽顿的新治疗计划，从明天开始。继续之前的治疗方案是没有意义的，显然结果并不理想。我想要它尝试一种它的癌细胞没有见过的药物组合，我们将有50%的可能再次缓解它的病情。如果它是那个"平均值"（我们已经知道它不是），这应该会让它的缓解期长达一年。老天保佑！我交代我的团队给它做常规的验血和称体重，然后把结果发给我，好让我计算药物的剂量。还好，我自己的化疗安排在几天后，这样我就可以把注意力都集中在我的狗狗身上了。不过，我必须去癌症中心做一些初步检查。我预约了三次 CT 扫描，一次脑部核磁共振（因为耳鸣），四次验血，又一次听力测试……我耳朵里总是魔音不断。心情好的时候，我对自己说，耳鸣是身体在提醒我要感恩生活；心情不好的时候，这就是在自怨自艾。我只希望它不会影响我的听力。我走上楼，为这忙碌的一天准备了一些舒适又得体的衣服。

第二天早上 5 点 45 分，我听到手机闹钟响个不停。啊！无论是情绪还是体力，我都已经耗尽了。昨天是马不停蹄的一天，那一连串的检查真的把我累垮了。我也许太心急了，但我宁愿一天做很多检查，也不愿把好几天都消耗在来来回回的奔波中。这是我的时间，至少我能在一定程度上决定自己要如何使用它。

比疲惫不堪更沉重的是我对未知的检查结果的担忧。我的身体又笨又沉，但我还得下床让纽顿做好被接走的准备。纽顿在它的床上抬起了头，而迈克仍在恼人的闹铃声中打着呼噜，我知道他也累坏了。我转了个身，把两只脚慢慢地放在地板上。看来今天会是一个不太好过的日子。

纽顿和我轻轻地下了楼，它早已轻车熟路。我把它放了出去，当它在处理个人卫生时，我在它的碗里装上了早餐，还换了水。之后我放它进来，它朝碗走去，但速度很慢。它今天没有跑。情况理想的话，化疗会让它恢复以往的活力。虽然动作缓慢，但纽顿把碗舔得很干净，我用毛巾擦干了它潮湿的下巴（它仍然是我的孩子）。

"好孩子。"我摸着它的耳根称赞道，它总是喜欢我摸这个地方。我把纽顿的牵狗绳套在它的项圈上，现在它已经在前门整装待发。我回到厨房给自己倒了一杯牛奶，此时，一辆汽车驶入环形车道，纽顿发出期待的低吼。它认出了它的座驾，开始来回踱步。我跑到门口让它安静下来，我不想吵醒家里的其他人。纽顿一如既往地温顺，热切地奔向我的同事，还试图跳上后座。可是今天，它需要有人助它的后腿一臂之力才行。他们开车离去时，我看到纽顿那粉色的舌头从嘴里伸了出来。

过了不到一个小时，我的团队就给我发来了纽顿的验血结果和它现在的体重。它有点儿贫血，但其他方面还行。我回复了信息，把新方案的用药剂量发给了他们，我知道他们一定会尽力的。

迈克和彼得，上班的上班、上学的上学，我手里端着一杯不含咖啡因的红茶，走到客厅的沙发上躺下。今天是我休息的日子。我把毯子拉到脖子上，做了一个小小的祈祷，祈祷这个化疗方案对我们可爱的狗狗有效。我用录像机看了一集《神探可伦坡》，在放第二集的时候沉沉地睡了过去。感觉只过了一小会儿我就醒了，听到前门传来钥匙插进门锁的声音。已经是下午5点了！我怎么就睡了一整天？

我掀掉毯子，起身迎接踏进家门的三位家人。迈克四处奔波，先去接治疗完的纽顿，再去课外乐团接彼得，而我对家庭没有任何贡献。我感觉很糟，但我知道我的身体必须进行大规模休整。我提出点披萨外卖，迈克和彼得都笑了起来。

🐾

我坚决按计划行事，幸运的是，第二天我感觉有了些力气。还好，我的听力检查显示一切正常——我的耳朵没有丧失功能。医生说，化疗结束后疼痛和耳鸣的状况就会有所改善，尽管可能需要几个月的时间，而且它们也有可能永远不会完全消失。

从积极的方面讲，我的"老母亲耳朵"还在，这是一种听觉上的"后脑勺上长的眼睛"，它让我能够继续发现和处理孩子的恶作剧，并掌握他可能不想让我发现的其他动向。不过，我还是会在每次化疗前两天进行听力检查，以确保万无一失。因为我的化验结果都很正常，所以我的治疗将按计划进行。

这次是哈珀开车来接我去癌症中心。这一天是银行和政府部门的休息日，所以我们花在路上的时间很少，真的是破了纪录。我看得出来她很紧张，一路上飞速地说个不停。我已经数不清她连续说了多少句话了，我知道这是她的焦虑反应。我把手放在她的胳膊上，这时她的脸上流下了一滴泪水。我们走进癌症中心，我听到她在叹气。相反，我已经做好了准备。似乎随着纽顿治疗的开启，某个开关也被打开了。当我在分诊台签到时，我直挺挺地站着，像个了不得的人物。这是我的战争，我会赢得这场战斗。我无所畏惧！

"Q护士，放马过来吧！"我在护士走进房间时说道，她像看疯子一样看着我。幸好我两天前做了脑部核磁共振检查——我可以证明我没有发疯。

我进行自我照料的一个方法是，播放事先录制好的冥想语音。治疗中心的工作人员可能认为我有点儿夸张了，但在我一生的所有战斗中，这可能是放手一搏的时候。哈珀知道我有自己的节奏，或者在此时跟着冥想女声的节奏走。在患C字病之前，我每个月或许会借助手机上的一个免费应用程序做几次五分钟的冥想。不过，我现在有了一位治疗师，她为我录制了一段15到20分钟的冥想指导，让我在每次化疗药物进入血管时播放。我第一次这么做的时候，迈克陪着我。当冥想结束，我睁开眼睛，发现自己的丈夫睡着了，脑袋在胸前一点一点的。今天，当Q护士开启了我那漫长的静脉化疗点滴时，我按下了手机上的播放键。我闭上眼睛，让自己屏蔽一切，只剩下那令人心安的声音：

首先，把你的双手置于你的心脏上，或者把你的手臂松弛地放在身体两侧。我们先从三次深呼吸开始，每次都屏住气，然后慢慢地呼气。当我们逐个造访每个器官时，要对每个器官表达我们的感激之情。在你体内流动着的温暖、灿烂、温柔、疗愈、光明的能量中

感受到同情和支持。我们将从你左脚的脚底开始。看看你会有什么感觉……

甜美的声音轻柔地引领着我。冥想结束后，我慢慢睁开眼睛。Q护士一直都在！她笑容灿烂，拍了拍我的腿，然后走出了房间。

每次我做完化疗，耳鸣的音量和音调都会发生变化。此时的曲调还不算太糟。我们不知道猫狗是否会经受同样的副作用，但如果它们会，我也不奇怪，因为它们的治疗药物里有几种是我们常用的。尽管没有办法检查它们的耳朵会不会耳鸣，我们的宠物也无法用语言来表达，但从来没有宠物主人跟我报告说宠物的听力有所改变。不过，如果它们的耳朵疼，当有人走近时，宠物会躲起来，或者会摇晃脑袋，并伴有表达不适的哀鸣。还好，我没有在我的患者身上看到这些。

哈珀把我送回家后，我再次倒下了，好几天都感到恶心，而且无精打采。然后，我照例花了几天时间来恢复，但骨头和关节又接着疼了起来，我又一次昏昏欲睡。他们说我的耐受力不错，尽管除了我的四条腿患者们，我没有任何可以进行对比的数据。化疗只剩下两轮了，但就我的处境而言，"2"似乎是个很大的数字。

生活破破烂烂，狗狗缝缝补补

　　我和纽顿待在家里的日子一晃而过。今天是它接受新化疗方案后的第六天，明天它要去接受新一轮治疗。此时此刻，我不想去摸它的淋巴结，因为如果是不好的消息，我不想知道。今天有点儿难熬。事实上，我知道我真需要为它大哭一场。通常我可以想哭就哭；今天，我能感觉到我眼中的泪水，但我还是忍住了。我告诉自己应该多散发积极的能量，但在哭泣时要做到这一点就太难了。而且，我也不想把迈克或彼得拉下水。我深深地吸了一口气，相信纽顿和我都会没事的。今天是素颜日（他们都起得很晚），所以我真的没有理由不哭上一场。但我的防护墙在这场战斗中像堡垒一样高高耸立。我知道发泄出来就会感觉好些，但如果真那样做就不是我了。

　　到了晚上，我知道对纽顿的检查不能再推迟了。迈克正坐在办公桌前办公，电视里播放着酋长队的橄榄球比赛。我丈夫和我都知道，他的心思在比赛而不是电脑里的东西上。他会在那里待上几个小时。我们的小伙子正在楼上写期末论文。上天保佑，两天后就要交。以一个男孩子的标准，现在还剩大把的时间；但在我看来，似乎已经太迟了。

　　"过来，纽顿。"我对我们的拳师犬说。狗狗朝我走过来，轻轻摇了摇它的短尾巴。当我伸手去摸它的淋巴结时，它知道事情不妙。我这次直接伸向它的脖子下面，然后一路向下。我又摸了摸它的肚子，然后用听诊器听了听它的心肺。

"哦，谢天谢地。"我长舒一口气，抱住了纽顿的脖子。那个 C 字病是一辆情感过山车，但我们在明知后面的"下坠"不可避免时，还是坚持"爬升"。一滴眼泪从我的下眼睑处滑落，狗狗舔了舔我的脸。我忍不住笑了起来。

"迈——克——，彼——得——"我喊道。没有人回答。我又喊了一遍，这一次他们俩都来到了厨房。"纽顿的癌症正在好转。"我用平静而克制的语气说道。

"妈妈，这么说化疗起作用了？"

"目前来看是的，但现在下结论还为时过早。"我们以前就被它愚弄过，我不想让自己的家人抱有不切实际的希望。"希望这个治疗方案能让它坚持一段时间。"我微笑着说，紧紧地抱住了我的儿子。我闻着他的发端，这样我就能得到老母亲式的满足。纽顿在我们拥抱的时候摇晃着脑袋，口水都飞了出来。

"哎呀！"彼得喊道，伴随着阵阵笑声。纽顿的左边下巴上还挂着一条又长又黏的口水，而且每一秒钟都在变长。这就是拳师犬！

"我们要拿我们的纽顿怎么办？"迈克深情地说道。平时，迈克都会抱怨狗狗流口水，但今晚他开心地把它们擦掉了。今天晚上，我们都很高兴能和我们的狗狗在一起，流口水什么的都无所谓。

"该出去走走！想出去遛遛吗，小纽顿？"迈克急切地问道。

迈克努力地想把牵狗绳套在不停活动的狗脖子上，纽顿跳起了快乐的圆圈舞。

第二天早上，纽顿像往常一样被送到我的办公室接受下一次治疗。我收到的验血结果显示，它贫血的状况有了改善。太棒了！我们朝着正确的方向前进了两步：淋巴结和红细胞。

当天晚上，迈克把它带回家，纽顿跑向它的饭碗，看看里面是不是奇迹般地装满了食物，但它发现什么也没有。纽顿迫不及待地围着饭碗转了个圈儿。晚餐来了，它狼吞虎咽地将饭吃完。在它不得不离家后，我们都上楼早早地吃过了饭。我们的小狗狗一切正常——我们的世界也是。今晚，我们是宁静而幸福的一家。

🐾

在进行了为期四个月的治疗后，纽顿的一个淋巴结还是变大了。不过，它的其他淋巴结摸起来还算正常，所以我会密切关注，但目前还不会做任何调整。纽顿继续接受化疗，看起来感觉还不错。

但是又过了几周，我再也不能否认它的癌症正在恶化，我能摸到它脖子下面和肩膀上的淋巴结一直在变大。当纽顿以某个姿势转过头时，我确实看到了那隆起的部分。为什么鞋匠的孩子最后都没有鞋穿？我只剩下一种方案可以在它身上试试，那是一种可能比它之前注射的药物有更多副作用的化疗药。除了造成胃部不适之外，这种新药还有 6% 的可能性会导致肝脏或肾功能衰竭。虽然这个概率很小，但我的狗狗从来不跟着概率走。尽管如此，我们还是要打出我们手里的这张牌。

06

博加特（拉布拉多犬）

狗狗给我带来了生命能量

开车回家时，我回想起波特夫妇对博加特无条件的爱。
不管有没有毛发，他们都同样爱它，
而此时的我却因化疗导致的头发稀疏而饱受情绪上的折磨。
也许我应该尝试着无条件地爱自己，
尤其是在虚荣心如此强烈的时候。

我和我的技术员今天已经看过并治疗了 18 个患者，还有两个患者要看。我们都累坏了，但我们知道自己的工作影响着宠物以及它们的家庭生活。为了更好地度过这一天，我们放起了音乐。我更喜欢 80 年代的歌，我的团队在嘻哈和乡村音乐之间来回切换。音乐给我们每一个人都带来了活力。

我很高兴能够回到工作岗位。随着化疗的影响变得越来越轻微，我的体力和耐力正在恢复，尽管速度比我预计的要慢。我不再抱怨那漫长且令人疲惫不堪的工作日。尽管今天是马不停蹄的一天，但我似乎在用新的眼光看待这一切。我很幸运，感觉足够好，足够健康，可以工作，但有时既当病人又当临床医生是很难的。在初次咨询中，当我向宠物主人谈及一种新的动物癌症时，我依然无法掩饰自己的情绪。所有这些都太像我的经历了，但我无法改变这一点。我能做的就是继续与那个可怕的 C 字病战斗——无论是为了我自己，还是为了一只信任我的动物。

我坐在办公室里，凝视着这只几年前放疗"毕业"的棕黑相间的小约克夏犬——斯特拉，它是今天早上来就诊的。斯特拉身上裹着一条粉色的小毯子，从古驰手包里探出头来。它的主人很慌乱，认为这只狗的肿瘤复发了。我从柔软的皮包和温暖的毯子里取出斯特拉，然后检查了它出现问题的部位。我分开它的毛发，看到它大腿外侧有一条大约五毫米长的棕色伤口。我笑着抬起头说，这只狗生了蜱虫。它的主人张大了嘴巴。这种情况时有发生，尤其是在确诊了恶疾之后。我对此非常熟悉。

不久前，我确信自己得了皮肤黑色素瘤，所以去看了皮肤科医生。我发现自己腹部中段长了一颗深黑色的"痣"。皮肤科医生用放大镜仔细地查看了我光秃秃的肚子，她抬头瞥了我一眼，我可以看到她在忍着不笑出来。那颗"痣"是放疗用的文身，癌症中心的放疗技术员在每次治疗时用它来校准机器。我理解斯特拉妈妈的感受，我不会笑话她。我只是很高兴地把好消息传达给她。

有时，诊断结果会完全出人意料。有时，就像约克夏犬斯特拉这种情况，我们认为一定又出了什么问题，但其实一切都好。其他时候，我们的本能告诉我们有些事情不对劲儿，我们就是能感觉到。

我拿起病历，查看下一个患者的情况。可从以往的记录中我找不到癌症的诊断。嗯，也许我应该给推荐它来的兽医打个电话，看看是不是漏掉了什么。

我走进检查室，见到了一位 50 多岁的女士。她一边踱着步，一边咬着指甲上的角质层，乌黑的卷发一直垂到背部中央。迎接我的是她那只过于热切的金毛猎犬。格斯是一只7岁大的公狗，它举着两只熊一样的爪子以迅雷不及掩耳之势向我扑了过来。我后退了一步，好让自己站稳。

"蹲下，格斯！"罗梅罗太太说道，"很抱歉！它通常表现得比这要好得多。它是一只灵活听话的比赛犬。它知道不可以跳起来。"

"别担心，罗梅罗太太。这都是工作的一部分，"我笑着说，"格斯在家里还好吗？"

"哦，它很好。"

"它的食欲怎么样，体重有没有减轻？"

"没有，一点儿也没有。"

"它在家里总是想睡觉吗？"

"不，它一直跑来跑去。我必须费点儿力气才能跟上它。"

"它喝水比平时多吗？您是不是必须更频繁地给它的水碗加满水？"

"不算多。"

"您有没有发现新的硬块或肿块？"我一边打量着宠物主人的脸，一边问道。

"没有，我什么都没发现。"

嗯，这没道理啊。她知道自己预约的是癌症专科医生吗？在给这只金毛做体检之前，我又试着问了一次。

"那是什么让您来找我的？"

博加特（拉布拉多犬）

"哦，是我自己有种不好的预感。"

"预感？！"

"是的，我丈夫认为我疯了，但我实在是太担心了。所以，我预约了第一个有空的时段，然后我们就来了。我希望我错了，但我内心深处知道我可能是对的。"

我听她说完，然后蹲下来给格斯做体检。格斯过于激动，差点儿把我撞倒。罗梅罗太太让它安静了下来。我仔细地触摸它的身体，听了听它的心肺。很不幸，这只猎犬的淋巴结增大了。我的怀疑是，格斯患上了癌症，很可能是淋巴癌。我把我的担心告诉罗梅罗太太后，她坐下来摇了摇头。

"我就知道，我就知道。"罗梅罗太太说。

罗梅罗太太决定进行必要的检查，最终格斯接受了化疗，病情得到了完全的缓解。

🐾

回到办公室，我想起了另外一个结局并非如此美好的病例。但即便如此，我仍然能够得到一丝丝的慰藉。麦克斯是一只毛茸茸的、小麦色的混血小狗，嘴巴里有一个很大的肿块。当它张嘴喘气的时候，你可以看到这个增生物，隔着一个房间都可以闻到恶臭。这只狗吃不了干的狗粮，但它还可以吃罐头。麦克斯的主人拒绝了常规兽医的活检建议，只是同意兽医拍两张胸部 X 光片。令人痛心的是，这只狗的肺部有多个结节。尽管希望渺茫，但这对夫妇仍然想和我谈谈。我得知他们六个月前第一次发现了这个肿块，但他们没有带麦克斯去看兽医，因为他们没有钱。时间一周一周地过去，肿块变得越来越大。同样是因为经济困难——丈夫已经失业好几个月，妻子又怀了孕——他们拒绝了活检。现在，他们都自责不已，认为麦克斯患上侵袭性癌症是他们的错。肿块是深色的，很可能是黑色素瘤。我告诉他们，即使他们一看见肿块就马上来找我，我们也不可能根治它。而且即使他们中了彩票，富可敌国，我们仍然会面对今天的局面。因此，虽然我不能改变最终的结果，但我可以向他们保证，他们没有任何过错，也不会受到任何谴责。我们商量出了几个让麦克斯在生命的最后几周感觉更舒服的办法。这是一次悲伤的谈话，但至少当这对夫妇离开时，他们肩上的负罪感已经完全卸下了。

下午 4 点，接待员探头进来，把我从短时间的走神中拉了出来。

"医生，打扰一下。我可以把最后一个病人带进来吗？他们刚刚到了。"

"谢谢，可以的。我马上就来。"

我拿起博加特的病历，这是一只 10 岁大的黄色拉布拉多犬，有过敏史，偶尔会有湿疹，还做过异物摘除手术（这只狗喜欢吃袜子）。它吃了好几年的关节炎药，但在过去的几个月里，它走路越来越疼。这家人前来寻求新的诊疗意见，只是为了确保他们已经想尽了一切办法。他们在它肩膀上发现了一个肿块，但却被医生判定

博加特（拉布拉多犬）

体积太大不能进行手术。这只狗的体重也掉下来了。我告诉我的团队，如果这家人需要，我会接待它。卡西迪跳起了嘻哈音乐视频"丘比特旋风"中的舞步，我笑着跟上。

我在候诊室见到了波特一家：波特先生、波特太太，以及他们的女儿和儿子。显然，博加特是一位深受家人喜爱的成员。波特先生和波特太太站起来问候我，孩子们则不停地用手机发着信息，而博加特只是躺在那里，摇着尾巴，没有站起来。我做了自我介绍，带着这一大家子进入了检查室。波特先生抬起博加特的后半截身子，帮它站起来。尽管如此，它的动作依旧很慢，还有点儿运动失调，像喝醉了一样。看着博加特落在家人后面，这画面令人很难过。

我趴在检查室的地板上给博加特做体检。他们全家人都看着地板上的我，这让我有点儿尴尬——如果我穿的不是裙子，今天将是美好的一天。但博加特的体型较大，它待在地板上要比在检查台上舒服得多。而且鉴于它行动不便，让它站起来与我的视线齐平，有点儿强狗所难。博加特似乎并不介意我摆弄它肩膀上的肿块，所以我判断它不疼。不过，当我触摸它的脊椎时，它难受地缩成一团。这有些不对劲。这只拉布拉多的心肺听起来都没问题，尽管它的肝脏摸起来有点儿大。我从地上站了起来，清洗了手。

"我想博加特的问题不仅仅是那个肿块。"我小心翼翼地观察着房间里的孩子们说道。"一个肿块，即使是它肩膀上这么大的肿块，也不会让它像现在这样走路缓慢。我知道把这一切都归因于肿块和

生活破破烂烂，狗狗缝缝补补

关节炎很容易，但我想做一些检查。"

"大夫，您认为会是什么原因呢？"波特先生问道。我飞快地瞥了一眼他们的孩子，暗示问题可能有些棘手。

"嗯，可能是神经问题，"我回答说，"可能与你们来找我的原因无关，不过也可能是别的缘故。我们需要做一个全面的检查才能知道。如果您决定不做，我当然也可以给它开一些消炎和止痛的药，好让它不那么难受。"

"我们对我们的第一条狗就是这么做的。我们一直没弄明白它为什么不舒服，我从来没有原谅过自己，"波特太太说，"博加特是我们的家人，我们很乐意为它做任何需要做的事。"

兽医的工作有点儿像破案。我们的病人不能告诉我们哪里有问题，所以我们必须进行系统的检查。一名优秀的侦探会查看收到的每一条信息，然后调整调查方向，所有这些都是为了得出结论，在兽医这里就是做出诊断。由于博加特需要做一系列的检查，它的家人决定把它留在我这里。我们将给它拍胸部 X 光片，验血、验尿，做腹部 B 超，以及肿块穿刺。如果需要的话，它的家人们允许我做进一步的检查。

波特先生帮助博加特站好。他把牵狗绳递给我，但就在我和狗正要离开去做检查时，两个孩子从座位上跳了起来，用手搂住了这只金毛的脖子。波特太太给了我一个妈妈之间才懂的眼神，似乎在说："请帮帮我们一家。"我走过去给了她一个大大的拥抱。

当我们心爱的宠物得了癌症时，我们并不好过，尤其是当孩子

博加特（拉布拉多犬）

113

们也牵扯进来时，就更加难过了。我还记得我第一次告诉彼得我被确诊了 C 字病的情景。我和儿子在沙发上坐下，我能看出来他知道这将是个严肃的话题。我转过身来面对着他，心想，哦，老天，请赐予我这场谈话所需的力量。他用那双温柔的棕色眼睛看着我，似乎在我的脸上寻找着线索，想知道这到底是怎么回事。我把手放在他的手上，轻轻地告诉他，我得了 C 字病，要做手术。尽管我的声音没有颤抖，但却平静得可怕。我的心提到了嗓子眼儿，我的儿子看起来焦急万分，一言不发地盯着我。

我告诉他，手术后我会有六周左右的恢复期。化疗和放射治疗仍然是备选方案。医生们希望我用不到它们，但我们必须等病理结果出来才能确定。彼得眼睛一动不动地看着我，作为回应，我的目光也无法从他的身上移开。他是我的儿子，我的儿子。尽管他对情况感到担忧和焦虑，但仍选择坦然面对。我真想痛痛快快地大哭一场。

"告诉你的朋友们也没关系，"我补充道，"实际上，我认为你应该告诉他们。你的朋友们来到家里，而我可能会看起来和以前不一样。当你想说的时候，向他们倾诉会对你有所帮助。当然，无论你什么时候需要我们，你爸爸和我都在。"

"但是，妈妈，你不会有事的，对吧？一切都会好起来的，对吧？"

我闭上了眼睛。老天啊，求求你，帮我打败 C 字病，让我能有许许多多个十年陪在我儿子的身边。我睁开眼睛，开始回答儿

生活破破烂烂，狗狗缝缝补补

子的问题。

"嗯，他们说我的预后很好，而且你是了解妈妈的，无论如何我都会坚持下去的，哪怕它如此烦人。"我脸上掠过一丝淡淡的微笑，彼得回了我一个笑脸。我想尽可能地坚强一点，但当我们拥抱在一起时，我的泪水还是涌了出来。他抱了我很长时间，不肯撒手。

🐾

在我的肿瘤门诊部，我告知了团队我们需要为博加特做些什么。他们即将开始检查，但首先我要对它肩部的肿块进行穿刺。它尽量一动不动地躺在桌子上。无论结果是什么，都会对它产生重大影响。我从这个大肿块里抽取了几个样本，然后前往化验室给载玻片染色。载玻片制备完成并干燥后，我在显微镜下观察它们。这个肿块并不是博加特身体出现问题的原因，这是个脂肪瘤，或者叫良性脂肪堆积。检查仍在继续。

趁着博加特还在做检查，我接待了下一个预约的患者。米娅，一只 6 岁的雌性吉娃娃犬，前来复查，它在两周前接受了乳腺肿瘤切除手术，同时做了绝育。

"米娅手术后的情况如何？"我向宠物的主人加西亚太太问道。

"它看起来很好，能跑能跳。我什么时候可以把它的保护套取下来？"她问。

"来，让我看看它的伤口再告诉您。"说着，我从加西亚太太的

博加特（拉布拉多犬）

大腿上把狗抱起来放上检查台。我脱掉它的红色针织毛衣，伤口干净完好，已经愈合。

"它看起来不错，"我说道，"我们今天就可以给它拆线。只要它不舔这里，就可以摘掉保护套。我们拿到了组织活检的结果，米娅是个非常幸运的姑娘——它的肿瘤是良性的。"我看到幸福的泪水打湿了加西亚太太的眼睛，她用纸巾轻轻地把它们擦掉。

"这么说，它没有得癌症？"

"老天保佑，没有。但我建议还是要保持密切的观察。由于卵巢切除得比较晚，它有 26% 的可能性会得乳腺癌，而在第一次发情之前就做了绝育的母狗得这种癌症的可能性只有 0.8%。"我尽量不说教，只说我掌握的信息。但是，除非它是比赛犬或有潜在的疾病，否则，考虑到各种因素，给一只母狗做绝育通常是更好的选择。

加西亚太太由衷地向我表示感谢。她会留意米娅，三个月后再回来复查。她给这只吉娃娃穿上毛衣，带它出去了。我低下头，看到自己的一只手正放在腹部的白大褂上。我的右手手掌轻柔地停留在自己的手术部位，那是和米娅差不多的位置。我飞快地甩了甩头，把手拿开，然后走出检查室，去看看博加特检查得怎么样了。

我在桌子上找到了这只金毛的验血报告。大部分数值正常，不过球蛋白的数值偏高，血钙含量较高，肾脏酶也略高。就此看来，最有可能的两种判断是肾脏疾病或者癌症。杰姬递给我博加特的尿检结果，并告诉我 X 光检查也做完了。尿检正常。博加特的尿液能够很好地集中起来，所以肾脏疾病可以从清单上剔除了。最常见的三种有这些症状的癌症是淋巴瘤、肛门腺肿瘤和多发性骨髓瘤——一种起源于骨髓的疾病。在直肠触诊中，博加特的肛门腺是正常的，这使得可能性缩小到了淋巴瘤和骨髓瘤上。

这只狗的 X 光片显示，它的肺很干净——没有肿块，没有积液。我看向它的肋骨和脊椎，它们都呈现在这三张片子中。检查了几分钟后，我注意到，除了关节炎，这些骨头上都有一些非常小的圆形病灶，它们本不该出现的。我向杰姬指出了它们，她总是有兴趣学习更多的动物护理知识。这些区域的骨损伤在多发性骨髓瘤中很常见，而且可能会很疼。这很可能是在体检中，当我给博加特的脊椎施加最轻微的压力时，它也会感到不适的原因。

多发性骨髓瘤是一种浆细胞疾病，浆细胞是我们身体内正常的白细胞。尽管这种癌症发生在骨髓，但它可以迅速扩散到肝、脾、淋巴结和骨骼；它还会导致我们在博加特的验血结果中看到的那些问题。我让内科医生做了超声波检查，并要他提取博加特的肝脏和脾脏样本。为了万无一失，我还让团队给博加特做了腹部 X 光检查，查看它的腰椎和髋部。片子显示，这些部位的骨骼中的圆形病灶更多，博加特的髋关节发育不良。

博加特（拉布拉多犬）

下午 6 点半，波特一家四口回到医院来接博加特，他们迫不及待地想听到结果。我措辞谨慎地告诉他们目前的发现，并交代必须等脾脏和肝脏样本的检验结果出来。

"所以，它确实得了癌症，但可能不是我们想的那种？"波特先生问。

"目前看来是这样，"我说，"很抱歉。"在四双眼睛的紧张注视下，我顿了顿，接着说："等我明天拿到最后的病理报告，我们就知道了。到时候我会打电话告诉各位结果，并商量治疗方案。现在，我会开些止痛药给它回家吃。"

我收到了一致的感谢。波特先生牵着博加特的狗绳领它出去，我们的患者走起路来像个老头，令人心痛。它的家人缓缓地跟在它后面，不想催促这只生了病的狗狗。波特太太停留了片刻，告诉我博加特对他们所有人来说有多重要。她无比希望他们的狗狗能再过一个夏天，和她的孩子们一起在海边游泳。她似乎有更多它的故事要讲，但她只是停顿了一下，然后再次感谢我的帮助。

第二天，我和我的团队慢慢地走进医院，前一天的接诊让我们累坏了。现在刚刚上午 9 点，但我们已经在讨论午饭吃什么了。食物是我们的一大动力，我们比自己能够意识到的更像我们的病患！最后我们决定吃馅饼——虽然不是典型的工作餐，但很快它就成了我们的首选主食。偶尔请大家吃一顿午餐，再配上音乐，就能鼓舞士气，这给了我们一些盼头。我让思绪回到工作上，分拣昨晚收到的传真，博加特的细胞活检结果就在里面。这份报告证实了我的怀疑。我打电话给波特一家。

"嗨，波特太太，您好吗？"我问道。

"哦，大夫，我很好。谢谢！我叫我丈夫过来，这样我们就都可以通话了。"她说。我听到实木地板上传来的脚步声，然后一个低沉的声音响起："嗨，我们在听了。"

"好的，很好，"我开始说道，"昨天，当孩子们在场的时候，我说得很保守，但现在检查结果证实，博加特患上了一种名为多发性骨髓瘤的癌症。"我介绍了这种疾病的基本情况。"理想情况下，我们应该做一次骨髓穿刺，进行全面的检查。至于癌症，我们无法治愈，但可以使其缓解。癌症是造成它疼痛和行走困难的原因。它的关节炎和髋关节发育不良与此无关，但通过口服化疗药，它的情况很有可能会好转，也会更好受些。"

"口服？您的意思是我们可以在家里给它吃药？"波特先生似乎有点儿不解。

"是的，两种不同的药，每天各一次。我需要在两周后给它复查，不过之后它每个月都需要做一次验血和体检。"

"这些药会让它难受吗？"波特太太问道。

"化疗药有85%的概率不会产生副作用。胃部不适的概率是15%。如果有副作用，它会在开始用药后的四天内出现。第二种药是一种类固醇。吃了这种药，它会感觉更饿，更想喝水，排尿增加，

博加特（拉布拉多犬）

喘气也更急促。这些副作用一开始会很明显，但几个月之后我们会减少剂量，副作用也会减轻。不过，虽然大多数的狗不会因为化疗而掉毛，但博加特的混血基因会让它掉毛。"然后我解释了贵宾犬毛发的生长和人类的头发是多么相似。正是这种贵宾犬的基因给了博加特柔软的、羊毛般的金色皮毛。"它不会变秃，"我接着说，"但它身上的毛发会变得很稀疏，脸上也会掉毛，就像是您给它刮了胡子。与拉布拉多相比，主要取决于它体内有多少贵宾犬基因。以及，"我又加了一句，"我再次感到非常抱歉。"

"我们不在乎它看起来会是什么样，"波特太太让我放心，"我们只想让博加特在身边。那么什么时候可以开始治疗呢？我们不想做骨髓检查，只想开始治疗。"

"卡西迪在几个小时内就可以把药准备好，并放在前台等您来取。我们每周 7 天、每天 24 小时都开门，所以您可以在方便的时候过来。请继续给它吃止痛药，直到我下一次见到它。"

🐾

开车回家时，我回想起波特夫妇对博加特无条件的爱。不管有没有毛发，他们都同样爱它，而此时的我却因化疗导致的头发稀疏而饱受情绪上的折磨。也许我应该尝试着无条件地爱自己，尤其是在虚荣心如此强烈的时候。

我很高兴我研究了头皮降温技术，特别是某个品牌的冷却帽，它能让你在做化疗时有可能保住头发。我在网上查了一下，然后花了很大力气才在癌症中心开到了处方。我不确定他们是否能理解。对于他们的许多病人来说，变成秃子很正常；而且，头发毕竟是会长回来的。但这是我的战斗，不是他们的。

简单来说，这个头皮冷却装置是一个看起来很滑稽的泳帽，连接着一个能够在你头上制造冰晶的机器。这种降温方式限制了血液流向头皮，从而阻止药物进入毛囊。对一些人来说，它的效果很好，挽救了他们的大部分头发，但对另外一些人则作用不大。当然，它不在我的医保报销范围之内。但我什么时候因为要刷信用卡就不花钱了？我打算在明天的化疗中试试这个冷却帽。如果我第一次化疗时就戴上它该多好，但迟来总比没有好。

每个开车送我过来的女性朋友都会帮我在癌症中心的病房里戴上这个帽子。这活儿并不轻松，需要两个人，就像给你的脑袋套上一件紧身的潜水服，只是尺寸小了一码。但我并不是在为了舒服而奋战。随着帽子开始冷却（结冰），头上的刺痛感让我回想起了在中西部上初中时，早上我头发湿漉漉地在公交站等车的情景。气温都已经零下十度了，为什么还要花时间吹干头发？在冬季的那几个月里，我们的头发一出门就会结冰。当你触摸自己的头发时，确实摸起来和听起来都很脆。

有人警告说，冷却帽非常不舒服。显然，有些女性需要服用抗焦虑药才能戴上它，有些人受不了，就干脆放弃了。至于我？这根本不算什么！是的，它很冰，但和那些大冬天等公交车的早

博加特（拉布拉多犬）

晨比起来根本不算什么。最难以忍受的是下巴上的系带，它太紧了，让说清楚话和吃东西都变得很困难。八个小时！我很抱歉，对我的女性朋友来说，我真是个糟糕的伙伴。但接下来我决定要更进一步。

除了有可能脱发，有些化疗药物还可能导致周围神经病变，比如手脚发麻，这个问题在某些患者身上一直存在。我知道这种损伤可能会让我很难扣扣子或者系鞋带，或者在走路时跌倒，所以我决定把手指问题掌握在自己手里。我在工作中需要给患者进行静脉注射，而我的患者是有时会丧失行动能力、只有四磅重的动物。处理这么小的目标需要相当精妙的运动机能，而不是发麻的手指。所以，在坐着化疗时，除了头上戴着《冰雪奇缘》中的那种浴帽，我还要给手脚绑上冰袋，然后忍受整整八个小时的折磨。我希望通过限制血液流向这些肢体末梢，进入其中的化疗药物可以减少，从而减轻副作用。但是我却要从头冷到脚！

🐾

两周过去了，波特一家该带博加特来复查了。当我走进检查室时，这家的男孩子正抱着一沓他和妹妹为我画的画。他们在每幅画的上方都用七彩的蜡笔写下了大大的"谢谢你"。

这一次，无需皮带和爸爸的帮助，博加特自己就站了起来。它摇晃着尾巴向我走来，在步态上有非常细微的变化。但总体而言，它的运动功能有了很大的改善，走起路来不再像一只上了岁数的狗。我揉了揉它的脑袋，笑了。

"看，医生，你做到了。博加特回到了之前的样子。"波特先生开口说道。

"是啊，它还想吃我的袜子！"他们的女儿插嘴道。妈妈看了女孩子一眼，好像在说："别太激动。"但让我们都感到欣慰的是，博加特已经好到想吃臭袜子了。

我蹲下来查看这只狗狗，它大部分的毛发都在。在整个检查过程中，它的尾巴甩得很厉害，砰砰砰地打在我的背上。我顺着它的脊柱一直轻轻地按压到臀部，博加特似乎并没有感觉，也不在意，只是继续摇着尾巴。我深深地按了一下，这次用了些力气，它仍然没有留意到，这是一个非常好的迹象。它的髋部还是很虚弱，但这是关节炎和髋关节发育不良造成的。不过，为了全面评估药物的效果，我们需要做几项血液检查。

我把博加特带到后面，它不想一动不动地待在桌子上，它的尾巴一直甩来甩去，击打着不锈钢桌面，节拍和房间里播放的乡村音乐保持着一致。疼痛的减轻和癌症的缓解（但愿如此）能够让患者变得如此充满活力，真是令人惊讶。博加特是一只热情、快乐、扭来扭去的混血犬，要给它抽血可不容易，我在化疗时听的冥想音乐也许能够让它安静些吧。抽完了血，我帮它从桌子上下来，它离开时掉下了几缕金色的毛发。

在带狗回候诊室的路上，我在窗户里看到了自己，是的，我还

博加特（拉布拉多犬）

有头发。尽管所有人都说它们和以前一样，但我知道它们已经变稀疏了。我不打算用任何护发产品，也不会吹干、用温水，或者正经地做个造型，这些对我的头发"看起来"的样子肯定无济于事。我儿子彼得现在打扮自己花的时间比我还多。不过，只要我的头发还在脑袋上，就一切都好。

回到检查室，我迎向波特夫妇："好消息，博加特的球蛋白和血钙数值都在下降！肾脏酶现在也正常了。"

波特先生问："我们什么时候能看到其他数值恢复正常？"

"这需要一些时间，在接下来的几个月里就有可能会正常。不过情况确实有所改善。我要对它的化疗剂量做一些调整，而且整整一个月都不需要复查。"

"太棒了！"波特太太说，"太感谢您了。我们打算带它去我们海边的家，可以吗？它能下水吗？"

"当然可以。它会让您知道，它是不是想下水，以及会在水里待多久。不过，这些都关乎它的生活质量。您还会发现，每个月它都会变得更强壮、更有活力一点儿。"

"那么，我们要做些什么准备？"波特先生问，"它的预后如何？"他相当直接，也不怕被孩子们听到。两个孩子都在打电话，但我还是很小心。

"嗯，平均无病生存期大约是一年半。"我说。

"那么，它会相当长寿。"波特先生说，"你听到了吗，博加特？你会变成个老头儿。"波特先生使劲地揉着狗。然后，波特一家收拾好东西准备离开。波特太太再次留下来和我单独说话。

"真的，感谢您为我们的博加特所做的一切，"她开口说道，"几年前，我丈夫经历了母亲重病不治的折磨。我给他买了当时还是幼犬的博加特，试图让他振作起来，他当时太消沉了。这很管用。当博加特生病时，我非常担心。这是一段非常难熬的日子，博加特让我丈夫想起了他的母亲。而我只是担心，如果我们失去了我们的狗，他会再次陷入悲伤。"

"我明白。这并不容易。我们在很多方面都离不开我们的宠物。您正在为博加特和您的家人尝尽一切可能。"我伸出双臂，给了波特太太一个拥抱。"有您在，他们都是有福气的，"我在她打开门准备离开时说道，"祝您在海边玩得开心。"

之后，博加特在海边度过了三个完整的夏天。它看着孩子们长大；打高尔夫球的时候，它和波特先生一起坐在球车里。这家人一直和我保持着联系，让我知道狗的近况。不仅如此，我和波特太太——吉尔——还成了好朋友。

后来，一天早上，我接到了一个电话。吉尔觉得博加特的癌症可能复发了，我让她把它带来。走进检查室，我发现他们全家都在。他们的儿子现在都比我高了。博加特仍然摇着尾巴，但速度很慢，它也没有费劲地想要站起来。我看到了他们脸上的憔悴和担忧，我马上蹲到地上和那只狗打招呼。

"嗨，宝贝儿。你感觉不太舒服，是吗？"我摸着它的脑袋轻声说道。这只狗用带有斑点的棕色眼睛看着我。"让我们来看看是怎么回事。"

我开始对它的身体进行系统检查。它的心肺听起来很不错，所有的淋巴结都是标准大小，肝和脾摸起来也正常。它的眼睛是清澈的。虽然有些牙垢，但它的口腔也没什么问题。三年过去了，它肩膀上的脂肪瘤几乎没有变化。我轻轻地沿着它的脊椎按了按，没有反应，所以我按得深了一点儿。出乎意料，它仍然没有任何反应。我加大了力气，但它依然没有缩回去。我建议先验血、做 X 光检查，波特夫妇表示同意。

不到 15 分钟，我就拿到了博加特的验血结果。奇怪的是，验血结果很不错，它的球蛋白和血钙都正常。博加特的肾功能也很好，尤其是考虑到它已经 13 岁了。我登录了电脑，查看它的 X 光片。可无论我怎么找，在它的脊椎、肋骨或任何其他骨骼中，都找不到一点儿溶骨性病变，但我确实看到了一些需要处理的问题。我首先把骨科医生喊来，以证实我的怀疑。他进来看了看 X 光片，并给博加特做了检查。我们得出了一致而令人遗憾的诊断。

我回到等消息的那家人身边，他们焦急地看着我。他们看得出我这次没带来好消息。

"是什么问题？"波特先生直接问道，"是癌症吗？"

"不，事实上，它的癌症仍处于缓解期。"他们似乎有些摸不着头脑。"不是癌症，癌症没有复发。是关节炎。"

波特先生正努力消化这个令人意外的消息："关节炎？难道不是癌症吗？"

"没错。遗憾的是，它的关节炎和髋关节发育不良已经相当严重。它现在服用的药物对此已经无能为力。我咨询了骨科医生，我们可以尝试一下其他的药物，但可能也不管用。针灸有时可以在一定程度上缓解它的症状，但目前，我对它的预后并不乐观。"我心疼地看着这家人——他们是我的朋友。

"所以它战胜了癌症……但关节炎是问题所在……"波特先生还在继续消化这个消息。"好吧，我不想失去我的狗，但我得说这是一场胜利。"

他的妻子和我对视了一下。她无法理解她丈夫心中的执念。

这家人决定给博加特试一些新药。两个孩子都垂头丧气的。波特先生用吊带帮助博加特行走，我目送他们离开。吉尔戴上墨镜，想要遮住她那哭红了的眼睛。我的心与他们同在。晚上我会打电话给吉尔，看看情况怎么样。

🐾

一周过去了，博加特并没有好转。我和波特一家打了一通时间很长的电话，讨论生活质量对宠物狗的意义。由于连站起来走一走都变得更加困难，博加特常常会尿自己一身。有时，这会暴露博加特所在的地方，但它似乎并没有意识到这一点。吉尔不介意经常清洗它的床，但对一只拉布拉多来说，这不是一种高质量的生活。我提到，像这样的老年问题，而非疾病本身，有时也决定了宠物的去留。

"你已经为博加特做了所有能做的事，"我对她说，"尽管现在做出这个决定很难，但你已经给了它三年在海滩上奔跑、和你的家人在一起，以及更多的待在高尔夫球车上的时间。你们给了它美好的一生，能成为你们家的一员，它很幸运。"

"我知道，"吉尔说，接着她叹了口气，"但就是很难。我不敢和孩子们说，但我知道他们一定预感到了。没有人希望博加特受苦。"

"如果需要我帮忙和孩子们说，就告诉我。这种谈话确实很难。"我主动说。

夫妻俩决定在家为他们心爱的狗狗实施安乐死。他们将召开家庭会议，与孩子们讨论结束博加特生命的方案。我向他们推荐了一个很棒的兽医，他的移动业务仅限于在家安乐死和临终关怀。

"你不知道这些年来你为我们做了多少事，"吉尔说道，"你让我们的狗狗过得更好了，从而让我们也过得更好了。我们不知道该怎么感谢你才好。"

我也感谢她说了这些暖心的话。但说真的，这完全是我的荣幸。我只希望我们的宠物能够陪我们更长的时间。

07

萨莎（德国牧羊犬）

不再受苦

"最重要的是它的生活质量。
它会用它自己的方式告诉您。您非常了解它。
随着病情恶化，它会开始感觉非常难受，就像我们得流感时那样。
疾病会和它的身体争夺能量，所以它在家里会十分安静。"
瓦达莫瓦太太点点头，接受了她今天所看到、听到的一切。

"紧急呼叫，五号线，紧急呼叫，腹部出血。"对讲机里响起了接线员的呼喊。我赶忙冲向电话。

我听到电话另一端传来一个声音："谢谢您接了这个电话。我是史密斯大夫。几分钟前，我接诊了一个患者。这只狗昏迷不醒，毫无生气。它的腹部鼓胀，我在它的肚子上扎了一针，结果抽出来的都是血。"

"好的，请把它直接送过来，"我说，"它到这里要多久？"

"它的家人马上就出发，大概 20 分钟。"

我挂断电话，告诉团队准备进行内出血急救。卡西迪找来一张轮床；杰姬备齐了输液袋、导管和静脉用药，并做好了血型鉴定的准备，以防狗需要输血；前台也严阵以待。

"格尼去停车场，马上！"我们听到对讲机里传来喊叫声。这家人一定是飞过来的。

我的团队立刻行动起来。只见两名技术员推着轮床沿坡道进入停车场。两位宠物主人打开黑色凯迪拉克 SUV 的车门，他们的德国牧羊犬正侧躺着，大口地喘着粗气。技术员向狗打了个招

萨莎（德国牧羊犬）

呼，然后数着一、二、三，把它抬到了轮床上。还好，这只牧羊犬的个头并不算大，还不至于重得抬不起来。我问它的主人我们是否可以试着稳定狗的病情，他们一致点头表示同意。于是我们迅速将狗送往治疗区。

当我们把狗推到后面时，瓦达莫瓦夫妇已经向接待员递交了必要的资料。萨莎今年九岁，已经绝育，除了几年前得过一次莱姆病①、两岁时右前腿受过伤，以及肠胃敏感外，并没有其他健康问题。它的主人十分焦急。瓦达莫瓦太太坐在候诊室的椅子上，而她的丈夫则紧张地走来走去。

在门诊部后面，我检查着这只狗的牙床，它大口地喘着气，没有想要从轮床上下来的意思。牙床一片惨白，说明它严重贫血。我听了听它的胸腔，它心跳急促——这是身体对失血的反应。同事刮掉了它右后腿上的一小块棕色毛发并进行消毒：先用消毒剂擦洗，然后用酒精。杰姬在萨莎的静脉里放入导管，但当她接上针头时，导管却崩开了。如果技术员无法把针头准确地插进静脉，导管就不能输液，而我们要用静脉输液来稳定和治疗这个患者。由于失血，这只牧羊犬的血压很低，这让我们更难找到它的静脉。技术员不得不换个位置试试，于是我们把萨莎的左前腿也准备好了。几次尝试之后，导管终于顺利地接好，输上了

---

① 一种以蜱虫为媒介的螺旋体感染性疾病，因发源于莱姆城而得名。——译者注

液。我让团队在这个地方采集了血样，这样我们就可以更好地评估萨莎的状态。一名护士一路小跑着将血样送到走廊尽头的实验室去化验，并通知内科专家我们需要马上做腹部超声检查。

我们刚接好静脉输液管，内科兽医就急匆匆地推着超声波仪器走了过来。他刮掉了萨莎肚子上的毛，然后把冰凉的蓝色凝胶涂在它的肚皮上。萨莎没有退缩，它一定是疼得顾不上这个了。内科兽医有条不紊地在它的腹部移动着超声波探头，接着他挑了挑眉毛，表示找到了原因。

"它的脾脏上有一个肿块，正在向腹部渗血。"

"有没有可能是良性的？"我问道，尽管我们都知道仅凭 B 超是看不出来的。

"不确定。不过，我会在周围检查一下，看看还有没有什么不正常的地方。或者，如果是癌症的话，还要确认它有没有扩散。"

"能再检查一下心脏吗？"

"已经在做了。"他一边进行着全面检查，一边答道。

我穿过走廊，去化验室查看结果，技术员把验血报告递给了我。果然，萨莎贫血。另外，它的凝血酶的凝血速度比我们希望的要慢。如果瓦达莫瓦夫妇选择继续，萨莎将需要进行全面治疗。

我绕过拐角走进候诊室，这对夫妇很快站了起来。随后他们跟着我走进一间检查室，这是一处私密的地方，我们可以在这里

萨莎（德国牧羊犬）

进行一场艰难的谈话。

"萨莎怎么样了？"瓦达莫瓦太太问道，一双灰色的眼睛在我的脸上快速地扫来扫去。

"它现在情况不明，我们正在给它输液。您的兽医说的没错，萨莎的肚子里正在出血。"

瓦达莫瓦太太难过地用手捂住了嘴，而瓦达莫瓦先生则一言不发。

"它的脾脏上有一个肿块，那里正是出血点。"

"是癌症吗？"

"我们暂时还不能确定。可能是，唯一的确定方式就是进行组织活检。如果您愿意，接下来我们会给萨莎做腹部手术，切除脾脏上出血的肿块，然后我们会把样本送到病理实验室进行确认。情况不太妙——恶性的可能性会比良性的可能性更大。如果肿块是恶性的，我们是无法根治的。但如果肿块是良性的，它就会没事。恶性和良性的概率大概是 65% 和 35%。"

"我不喜欢这些概率。"瓦达莫瓦先生说。

"我也不喜欢，但这是事实，"我告诉他，"如果您想让它做这个手术，外科医生今天就能做。它首先需要输血，在手术中或手术后可能需要再次输血。萨莎不仅失血过多，而且还有凝血障碍。"

我深吸了一口气，继续说道："如果决定不做手术——这并没有对错之分，那您或许得考虑安乐死。"

生活破破烂烂，狗狗缝缝补补

对宠物主人来说，这从来就不是一个容易做出的决定。瓦达莫瓦夫妇沉默着，面无表情。我走出房间，给他们一些时间来考虑。但时间不会太长，因为萨莎剩下的时间已经不多了。

　　过了一会儿，瓦达莫瓦先生从检查室门口探出头来。"嗨，大夫？"他招呼道。我回到了检查室，感觉这里的气氛很压抑。

　　"我们决定做手术，"他说，"我们会坚持到底的。"

　　"如果肿块是恶性的，我们是无法根治的，您是知道的吧？如果是恶性肿瘤，萨莎术后可能也活不了多久，而且手术也有风险。我们会尽最大努力稳定它的病情，但它也有可能无法挺过手术。"瓦达莫瓦太太流下了眼泪。我把手放在了她的肩膀上。

　　"医生，我们要试一试，"她丈夫说，"请问我该在哪里签字？"

　　两名技术员将萨莎转移到二楼的外科病房。输血已经开始，它将很快做好手术的准备。外科技术员首先会给它做胸部 X 光检查，确认癌症完全没有扩散到肺部。我们的外科医生非常熟练，他以前处理过很多类似的危重病例，但此刻的情况依然危急。如果萨莎挺过了这场手术，它会在外科住上几天，接受治疗，直到有足够的力气回家。

　　我走到办公桌前填写萨莎的病历，突然想起了我自己的出血问题。在第三轮化疗过后，我发现放置静脉导管的右臂肿了网球那么大的一块。这个肿块让我疼得整晚都睡不着觉，我决定去做个检查，以免影响我的下一次化疗。我和我丈夫去了癌症中心，

萨莎（德国牧羊犬）

检查结果显示那是个浅表血栓。幸好，除了热敷和居家护理外，并不需要进行真正意义上的治疗。然而，糟糕的是，在下一轮化疗过后，我患上了中度静脉炎，双手和两个胳膊上也出现了更多的血栓。虽然这些浅表血栓并不危险，但它们确实吓到了我。较大块的血栓随时可能会脱落，跑到我不想让它们去的地方。我满脑子都是这些令人心烦意乱的念头。晚上入睡前，我真的担心自己醒不过来。

🐾

两周后萨莎来复查，我走进检查室，发现它已经完全变了样子。这只牧羊犬正在房间里气喘吁吁地绕着圈子，精力充沛。它一见到我就立刻向我跑过来，想要我抚摸它。我俯下身挠了挠它的下巴，它抬头看着我，露出了健康漂亮的粉红色牙床。瓦达莫瓦夫妇也和上次大不一样了，他们自在地坐在检查室的椅子上，面带微笑。

瓦达莫瓦太太说："以前的萨莎回来了。"

"我真是太高兴了。"我回答道，尽管我说话时还是有点犹豫。我大致得知了萨莎近期的状态：它的胃口很好，在家里的活动量正常，没有呕吐或腹泻。因为它是一只大型犬，所以我得弯下腰在地板上给它做体检。

萨莎认为现在是玩耍时间，高兴地扭个不停，我连忙找了个技术员过来帮忙抱住它。除了肚子上被刮掉的棕黑色毛发和缝合线，萨莎没有一点儿做过手术的迹象。它的缝合线还在。在做完腹部手术后的第 14 天，我就知道自己永远不可能坐在地板上玩了。我花了好几周才使步态恢复正常，并且能站直了。

我站起身来，尽管有这些良好的迹象，但我不得不说："很遗憾，这次我没有带来什么好消息。"夫妇俩焦急地看着我。

"根据病理报告，萨莎患上了一种侵袭性很强的叫作血管肉瘤的癌症。这是犬类脾脏里最常见的肿瘤。它发生于血管内壁，因而能够立即进入血液。这意味着这种癌症的扩散可以很迅速。"瓦达莫瓦夫妇的面部顿时垮了下来。"我很抱歉。"我说。

"我们能做些什么，大夫？"瓦达莫瓦先生问道。

"嗯，手术已经给它的病情带来了很大的改善，您让萨莎恢复了它的生活质量，"我显然尽力在往好的方面说，"但很遗憾，仅仅依靠手术的话，它的预后通常只有三个月。"

"三个月！"这个男人喊了起来。

"是的。我真的很抱歉，"我回答说，"我们可以试试化疗。通常来说，狗的化疗效果很好。"我全面介绍了化疗的模式、副作用、疗程和费用。

瓦达莫瓦先生似乎很生气："所以，我们还是不能治好它？"

"不能。"我谨慎地回答道，并没有把他的语气放在心上。瓦达莫瓦先生忽然间猛地一拳击在柜台上。我吓得赶紧后退了一步，而他的妻子则不知所措地盯着地板。"但化疗可能会有所帮

萨莎（德国牧羊犬）

助。通常……"我小心翼翼地措辞，却又不想带给他们不切实际的希望。"……它可以管用六个月左右。大约 10% 的狗会有一年的缓解期。但要知道，这些都只是平均数字。有些狗的效果会差一些，而有些狗的效果则好一些。现在，我们必须假设萨莎能达到这个平均水平。"瓦达莫瓦夫妇一言不发，他们只是一边看着我，一边消化着这些信息。"我会出去，给二位一些时间商量一下。如果决定化疗，我们最快今天就可以开始。如果决定不化疗，那也没关系，这里没有对和错。"我把这对夫妻和他们的狗留在了检查室里。

虽然在一个忙碌的医院中很容易忘记时间，但我也不想让瓦达莫瓦夫妇在检查室里待太久。如果他们有任何其他问题，我希望我能够在现场提供帮助。我给了他们十分钟时间，然后轻轻敲了敲门，再次走进了房间。瓦达莫瓦太太一直在哭。她小心地擦干眼睛，想保住脸上的妆容。

"还有其他问题吗？"我问道。

"没有了，我们决定化疗。"瓦达莫瓦先生回答得很干脆，然后把牵狗绳递给了我。

我把萨莎带去后面，或者更准确地说，是萨莎把我拽出了大门和走廊。现在的它很有力气，感觉好极了。它就像在检查室里迎接我那样热情地迎向肿瘤科三人组。当技术员把它放在秤上称体重时，却很难让它静止不动。但由于我们的目标是保证宠物的生活质量，精力过剩也可以算是一个好的现象。我记下它的体

生活破破烂烂，狗狗缝缝补补

重，算出了化疗用药的剂量。杰姬穿着全套个人防护服，在生物安全柜里配好了药。另外两名肿瘤科护士将萨莎放在治疗台上，但它仍然扭得像条虫子。我们不想使用镇静剂，于是叫来了第三位技术员，有了他的帮忙，我们终于让它安静了下来。我们抚摸着萨莎，告诉它，它是一个多么好的女孩儿。由于这只狗的静脉健康状况颇佳，技术员这次给它输液化疗时没有遇到任何困难。10分钟后，萨莎终于完成了化疗，从台子上跳了下来。

卡西迪把萨莎带回它的主人身边，瓦达莫瓦夫妇张开双臂迎接它。我们让他们去找前台的蒂亚拉，为萨莎预约三周后的下一次化疗。我写好萨莎的病历，关上电脑准备下班。这是漫长而忙碌的一天，而我现在就想赶紧回家。我正挂起白大褂时，蒂亚拉一脸震惊地回来了。

"都还顺利吗？"我问道。

"就是有点儿奇怪。"她说。

"哪里奇怪了？"

"是瓦达莫瓦先生。这是他第二次让我给别的客户打电话，把别人的预约改个时间。"

"什么？他为什么要这么做？"

"因为他想要一个特定的预约——特定的日期和时间点。哪怕只多30分钟，他都不肯接受。我不该这么做的，不过我还是改了。他的样子很吓人。"

"还有其他问题吗？"

萨莎（德国牧羊犬）

"没有了。不过他一定超级有钱，他付的全都是现金，甚至包括萨莎的急救手术费。我从来没有见过那么多现金。"

"嗯。好吧，瓦达莫瓦先生不该让你擅改别人的预约。如果需要做一些改动，我应该在场，而他强迫你是不对的。我下次见到他的时候会和他谈谈的。"

几周后的一天，我决定早点到办公室赶一些文件。我瞥了一眼当天的预约表，发现瓦达莫瓦夫妇约在上午 10 点半。这个男人想要约在上午不早不晚的时候过来，这的确很奇怪。通常，大部分日理万机的人都想第一个来，或者安排在当天最后一个到。

10 点半到了，10 点半过去了，我没见到萨莎。10 点 50 分，蒂亚拉给瓦达莫瓦夫妇的手机打电话，却被直接转到了语音信箱。他们家里的电话也没人接，于是蒂亚拉留了言。10 分钟后，瓦达莫瓦夫妇的黑色凯迪拉克车开进了停车场。他们慢慢地把萨莎牵到草地上，看它想不想去玩，但它只是闻了闻，没有任何行动。11 点 05 分，我穿着白大褂走了出去，开始接诊。

"嗨，"我穿过停车场走上草坪，瓦达莫瓦夫妇转过身来看着我。"我们不知道二位来不来。二位实际上已经错过了预约时间。"

"您现在可以给萨莎治疗了。"瓦达莫瓦先生对我说。

"通常我上午 11 点已经约了客户，但我们运气不错，今天没

生活破破烂烂，狗狗缝缝补补

有。不过，我永远都不会把萨莎拒之门外。如果您错过了预约，我很乐意帮您再找个时间。只是如果下一个预约的病人准时到了，我必须先接待他们，您得等等。"

"我不想等。"瓦达莫瓦先生对我说。显然，这是一个想要什么都必须得到的男人。

"今天不用等。但如果我事先已经有预约的话，您就要等了。如果不这么做，会对其他准时到的人不公平。这也提醒我了，如果您想要约在某个我已经有约的特定时间，请先来问我。我们不能让前台随意更改其他人的预约。"我直视着他的眼睛。他毫不犹豫地和我对视，但却什么也没说。"您需要一个特定的时间是有什么原因吗？也许我能帮上忙。"

"没有。我就是喜欢 10 点半。"他表示。我继续看着他的眼睛，直到他的面部不再紧绷，并移开了视线。我们走进了医院。由于我要像今天这样坚守岗位，我很高兴我们今天的午餐点了大份的三明治。

我把萨莎带到后面去抽血。它仍然精力充沛，这说明它的状态很不错。现在我们知道该如何对付它了。我的团队把它按住，我给它抽血并进行体检。我检查了它的牙床，是漂亮的粉红色；它的心率是每分钟120次，不多不少；肺很干净，腹部触诊正常，没有任何器官变大。我看了它的验血结果，所有指标看起来都很好。在开始第二次化疗之前，肿瘤科护士呼叫第三个人前来帮忙。我们不能让萨莎在治疗过程中挪动，也不想给它打镇静剂，

萨莎（德国牧羊犬）

这都是为了它好。它是一个快乐的姑娘，像上次一样侧躺着，与轻轻按着它的那三个人配合默契。化疗一结束，导管被拔掉，静脉也止住了出血，萨莎就迫不及待地从治疗台上跳了下来。接着，它把技术员拽出门，拽到了候诊室，在那里迎接它的是瓦达莫瓦夫妇开心的笑容。

又看了两个患者之后，就到了午饭时间。在前往员工休息室的路上，我在前台停了一下问道："蒂亚拉，瓦达莫瓦夫妇结账的时候有什么问题吗？"

"没有，我给他们预约了下一个空闲时段。这次他们仍然用一沓现金结账。"她笑着说。

🐾

在萨莎下一次的预约时间，这家人准时到了。瓦达莫瓦夫妇说，它过得很好，还是那么活跃，食欲也不错。萨莎听话地和护士向后面走去。它跳到台子上，技术人员按下按钮，把它升起来。萨莎今天不像以前那样扭个不停，这让抽血变得容易了些。我在给它体检时注意到，尽管它的牙床依然是粉红色的，但不像以前那么鲜艳了。这可能说明不了什么问题，但 5 分钟后，当我拿到它的验血结果时，我发现它的红细胞数值下降得很厉害，它又贫血了。我得告诉瓦达莫瓦夫妇。

我走进候诊室，通知瓦达莫瓦夫妇我们需要在检查室里私下谈谈。瓦达莫瓦太太看起来十分担心。

"萨莎在家里真的很好吗？难道一点也不嗜睡吗？"我的目光在他们的脸上交替扫过。

"嗯，我觉得它在家里比以前安静些，"瓦达莫瓦太太终于承认，"而且它确实睡得比较多。"

"它很好。"瓦达莫瓦先生还不松口，似乎要为这件事下个结论。然后他转向他的妻子说道："你不知道。"

"我知道，"她反驳说，"我每天都和狗待在家里。"

我清了清嗓子，使劲咽了一下口水。

"好吧，我没有什么好消息。今天，它被查出了贫血。所以，我猜测它在家里应该很安静。"我体谅地看向瓦达莫瓦太太。"我想做个腹部 B 超，看看……"

"好，"瓦达莫瓦先生打断了我，"去做吧。我们会等着。"

于是我回去让他们进行操作申请。

内科医生刚刚给杰克·拉塞尔这只笨狗取出了卡在嘴里的木头。在他准备好之后，我的团队会把萨莎带到重症监护室。

我在电脑前坐下，更新着萨莎的病历。大约 20 分钟过去了，我开始有点儿不耐烦。我急切地想要知道萨莎到底怎么样了。

我来到重症监护室，把头探进去说："有什么发现吗？"

内科医生仍然在狗的肚子上慢慢来回移动着 B 超探头。

"情况不妙。"他回答说。

他和我商议片刻，然后我准备亲自告诉瓦达莫瓦夫妇这个不

萨莎（德国牧羊犬）

幸的消息。

我走进了候诊室，他们满怀期待地站了起来。但我的表情可能让他们一瞬间意识到了什么，他们一言不发地跟着我走进了一间检查室。

"是什么？"瓦达莫瓦先生问道。

"它的癌症已经扩散到了肝脏。它……"

"我们能切除它吗？"他脱口而出，"如果是钱的问题，我们愿意支付任何费用。"

"很遗憾，癌症已经扩散到了整个肝脏和两个肺叶。手术的范围太大了，不会有任何好处。我真的很抱歉。"

我停顿了一下，让他们有时间消化这些消息，然后接着说："哪怕拥有这世上所有的钱，也不能让萨莎现在的状况有任何改变。"

我在他们身旁坐下，握住瓦达莫瓦太太的左手。她用右手轻轻地拍了拍我的手，然后把它放在了我的手上。我们就这样默默地坐着。

"它的癌症比一般的犬类癌症要严重得多。二位已经为它尽力了。我们可以试试另一种化疗方案，但我认为作用不大。"

"我想我们应该带它回家。"瓦达莫瓦先生说道。他的妻子点了点头，继续盯着地板。她把我的手攥得更紧了，问道："我们……我们怎么知道什么时候是时间到了？"

"最重要的是它的生活质量。它会用它自己的方式告诉您。

生活破破烂烂，狗狗缝缝补补

您非常了解它。随着病情恶化，它会开始感觉非常难受，就像我们得流感时那样。疾病会和它的身体争夺能量，所以它在家里会十分安静。"瓦达莫瓦太太点点头，接受了她今天所看到、听到的一切。"您可能会发现，尽管萨莎的胃口很好，但它的体重却开始减轻，这是因为癌症在消耗它吃进去的营养，最终会使它食欲不振。就像我的丈夫，他正常时每天可以吃两顿芝士汉堡，但当他得了流感，他就只想吃饼干，也许会再来一碗汤。"我试着调节现场的气氛。

"当然，萨莎可能会像上次一样出血，需要进行抢救。如果这种情况真的出现了，它可能就救不回来了。那时二位可能会面临另外一个决定。"

"它不会感到痛苦吧？"瓦达莫瓦先生问道。

"不会，好在它不会。"我肯定地说。

瓦达莫瓦夫妇告诉我他们都听明白了。他们决定把萨莎带回家，让它尽情享受剩下的时光。这家人意识到我们说的时间可能只有几周。我交代说，如果有任何问题可以随时打电话给我，并提醒他们，这家医院一周 7 天、一天 24 小时都有人在，如果需要的话，还有急救兽医值班。瓦达莫瓦太太对我表示感谢，我们拥抱了一下。瓦达莫瓦先生去结账了，萨莎和瓦达莫瓦太太则向停车场走去。

萨莎（德国牧羊犬）

化疗结束本来应该是件值得庆祝的事。但不幸的是，萨莎不属于这种情况。通常，当我的四条腿患者完成化疗时，我们会非常重视，因为这是一项值得庆祝的成就。我和技术员们会笑呵呵地来到候诊室，用一张张个性化的奖状和一个个充满爱意的拥抱去恭喜这家人，有时我们还会一起合影留念。在这个欢乐的时刻，房间里的每个人都会眼含热泪。偶尔，杰姬会在我们走向宠物主人时，用手机播放《第一滴血》的主题曲。她总是知道如何营造气氛。

而对我来说，我现在已经正式结束了化疗，但奇怪的是，这多少有些虎头蛇尾。就好像我受到了最后一击（尽管是以静脉化疗的形式），却被丢在这里一个人舔舐伤口。我感到气馁，可我本来应该高兴的。我做完放疗时，有响亮的钟声响起，候诊室里响彻病人和工作人员的掌声。而今天，没有钟声，没有庆贺。天色已晚，后勤人员已经开始打扫治疗中心的这一侧。一名护士正在办公桌前给文书工作收尾。没有人"看到"我，这种孤独令人难以置信。我收拾好自己的东西，把它们紧紧地抱在胸前，拖着缓慢的脚步走出了这幢灰色大楼。我感觉疲惫不堪。当黄昏降临，我只想回家躲起来。

我们习惯了一周又一周地见到这些宠物和它们的家人。虽然这些宠物顺利完成它们的疗程是一件很美妙的事，但在某种程度上，我也很想见到这些四条腿的朋友们，想和它们的家人聊聊天。当他们离开时，我感觉自己身体的一部分好像也走出了大门。

你的治疗团队每隔几周会见你一次，给你验血，确保你一切都正常，这对作为一名患者的我来说就是一种安全感。我觉得我现在被带到这个世界上拼命挣扎，不知所措，但我知道我的医生会定期地密切关注我，确切地说，是每三个月一次。我的肿瘤科团队说，他们是按照我的缓解期计算出的这个时间。还好，所有明显的（即肉眼可见的）病灶都通过手术切除了。我熬过了整个化疗和放疗疗程，希望它们能消灭所有微小的 C 字细胞。不过现在这只是一个等待的游戏。我祈祷它不会复发，每过一周我都在想：我是不是错过了什么信号？它会偷偷地长大吗？我做了几次深呼吸，提醒自己，相信一切都会好起来、对每一天心存感激是很重要的。

🐾

两周后，我打电话给瓦达莫瓦夫妇了解萨莎的情况。接电话的是瓦达莫瓦太太。

"是的，是的，萨莎看起来很好。它睡得确实比以前更多了，但它吃饭和上厕所都还正常。"

"很好。听您这么说，我很高兴。它牙床的颜色怎么样？"

萨莎（德国牧羊犬）

我问道。电话那头停顿了。

"喂？"

"我在。我不想看它的牙床，"这位女士也不瞒我，"我不想知道。"

"好的，别担心。您不用担心，我只是问问而已。没关系的。"她现在已经很难过了，我不想让她更难过。对我们每个人来说，这个过程是不一样的。"萨莎能有好的生活质量，并享受和您一起度过的时光，这才是最重要的。"我们挂断了电话。我在便签纸上做了标注，提醒自己继续与这家人保持联系。

又过去了一周，我再次打电话给他们。这次是瓦达莫瓦先生接的电话。

"它很好。真的，医生，没有任何问题。如果有什么状况，我们会随时打电话给您的。"他的语气突兀而冷淡。

"好的，如果您需要我们，我们一直都在。"我挂了电话，丢掉了提醒我要给他们打电话的黄色便笺纸。我从一堆病历中取出一张，准备接待下一个预约的患者。

之后的一周，瓦达莫瓦夫妇没有任何消息。第五周，杰姬打给萨莎的常规兽医，想打听一下他们的情况，却没有任何消息。第六周某天的早上 7 点，就在我脱下外套准备登录电脑的时候，我发现有人把萨莎的病历放在了我的办公桌上。这可能不是一个好兆头。我把外套扔在椅背上，拿起病历飞快地翻阅着，发现萨莎在家里已经昏迷不醒了，甚至也许已经无力到虚脱的程度。瓦达莫瓦夫妇前一天晚上 10 点把它送进了急诊室。它极度贫血，牙床苍白。由于病情恶化，生活质量变差，这家人选择了让它安乐死。

尽管瓦达莫瓦夫妇做出了这个决定，但我相信这并不容易。这从来都不是一个容易做出的决定。就这样结束一只动物的生命可能会令人心碎，但无论多么撕心裂肺，这可能是宠物主人所能做出的最无私的决定，因为没有人想让自己心爱的伙伴受苦。对兽医而言，在将导管接入静脉并给药时，我必须全神贯注，努力维持冷静的专业精神，而我的眼睛却不受控制地噙满了泪水。如果我开始哭泣，我将会看不清楚要做的事。即使我知道这对遭受病痛折磨的狗或猫来说也是一种选择，但看到宠物主人如此痛苦，我仍然感到深深的难过。

对有些人来说，给宠物实施安乐死的决定要么太难做出，要么就与他们的信仰相悖。重要的是，他们明白不存在一个"正确"的决定，而兽医办公室是一个没有评判的地方。在宠物生命中的最后几天，还可以对它进行临终关怀，并使用让它感觉舒适一些的药物。

我拿起电话想要打给瓦达莫瓦夫妇，紧接着意识到现在时间还太早。当我的团队鱼贯而入开启新的一天时，我告诉了他们昨晚发生的事。杰姬擦掉了泪水，卡西迪找借口去了洗手间——每当她想一个人哭的时候，她通常都会这么做。杰姬问我要不要拥抱一下，我点点头，我们哭着抱在了一起。

萨莎（德国牧羊犬）

上午9点——这是一个合适的打电话时间，尽管这家人度过了一个难熬而漫长的夜晚，我还是拨打了瓦达莫瓦夫妇的电话。电话铃一遍遍地响着，最后接通的是答录机。我留了言，表达了最深切的问候，并说如果他们想聊一聊的话，请他们打电话给我。我放下电话，心中却感觉空落落的。

一天的工作已经结束了，我们仍然没有任何瓦达莫瓦夫妇的消息。悲痛的过程需要时间，我非常理解。我们会寄一张慰问卡给这家人，而如果他们需要我们，我们一直都在。

周五早上6点50分，我挂好外套，走向办公桌，准备开始本周最后一天的工作。我需要把注意力集中在手头的一些事情上，但我却不停地想起瓦达莫瓦夫妇，想知道他们是如何面对失去宠物这件事的。

蒂亚拉出现了，打断了我的思绪。"打扰一下，您有位访客。"她说。

"一位访客？谁呀？"有人不请自来是很少见的，尤其是在早上6点50分。

"是瓦达莫瓦先生。"这位年轻的接待员眼睛瞪得有杯垫那么大，"他说他需要在检查室和您私下谈谈。他看起来很严肃。"

哦，这可太奇怪了。我希望他没有再生气。我能理解瓦达莫瓦太太想要谈一谈的想法，但并不是她的丈夫。

"好的，带他去2号检查室，我马上就到。"我穿上白大褂，整理了一下思绪。

我走进检查室，瓦达莫瓦先生手里拿着帽子，直挺挺地站着。

"嗨，萨莎的事我很遗憾，"我开口说道，"它是一只很棒的狗。您为它做了所有能做的事。"

我一边说，一边还在想着为什么他这么早就过来了。

"谢谢您，"他说，"我得去取萨莎的骨灰，我想和您谈谈。"

我用力地咽了一下口水。谈什么？几周前，我听到他大声而清楚地说他不想谈。"好吧，您来了真好。我再次对您说声抱歉。我真心希望萨莎能活得更久一些。"

"我和我妻子非常感谢您的帮助，真的。我想让您知道，如果您有任何需要，随时都可以打电话给我。"瓦达莫瓦先生表示。

"谢谢。"

"不，真的，如果您有任何需要，随时打电话给我。"

"好的，谢谢。"

"医生，我这么说吧。如果您有任何需要，打给我。如果您需要帮忙，打给我。如果有人找您麻烦，打给我。明白了吗？"

他用强调的语气说完这些话，然后又意味深长地对我眨了眨眼。

我的天啊！现在我终于明白了。想到我天真地制定了关于预

萨莎（德国牧羊犬）

约和准时的规则，我的膝盖都软了。蒂亚拉在哪里？万一我需要她呢？这时我的大脑转得飞快，希望她能关注这间检查室的入口。

瓦达莫瓦先生朝门口走去，然后停下来转身拍了拍我的肩膀。

他走后，我瘫坐在椅子上，打电话给我的丈夫。

"嗨，亲爱的。你听我说起过瓦达莫瓦先生吧？你肯定猜不到他是做什么的。"

接下来，我把整件事情都告诉了迈克，并特别强调了瓦达莫瓦先生关于"谢礼"的想法。

"还有，亲爱的，"我说道，"考虑到我的这位新朋友，从现在开始，你最好在和我拌嘴之前三思！"

08

弗兰妮（寻血猎犬）和腊吉（混血犬）

接受自己本来的样子

弗兰妮拥有巨大的物种优势，完全活在当下。

它没有遗憾，也没有猜测。

纳尔逊警官知道什么叫担心，但他的狗却不知道。

担心永远不能改变结果，它只会让忧心者或者我这样的斗士疲惫不堪。

秋天到了——这是我最喜欢的季节。我在中西部度过的童年时光里有黄色、红色和橙色的枫叶，还有苹果酒厂和宽松舒适的毛衣。在这个和往常一样的工作日早晨，我渴望出去走走，在落叶间穿行，听它们发出嘎吱嘎吱的声音。但我照例得开车送儿子去上学。我不太确定他是否完全睡醒了，但他今天起床很准时，这可真是一项了不起的成就。

我把他放下，刚刚开出学校的车道，就接到了电话。车载显示器告诉我来电的人是彼得。真棒，我刚庆祝完这次小小的准时成就，就要飞速地开动脑筋：他这是又忘了什么东西吗？他应该更有条理才对啊！虽然我没有时间赶回家去取他需要的东西，但我知道我还是会去的。我强忍着想骂人的念头。

"嘿，亲爱的，怎么了？"我问道。

"您……嗯，您能不能再来一趟？"彼得磕磕巴巴地说。

"怎么啦？"我问道，迅速地瞥了一眼后座，想看看他有没有落下什么东西。这已经不是第一次了。

"是这样，我们需要您的帮助。科林和我发现了一只好像受了伤

弗兰妮（寻血猎犬）和腊吉（混血犬）

的小猫。求您了，妈妈。"

"好的，我这就回去。"说完，我违章调了个头。

到了学校，把车停好，我看到一群学生围成了一圈儿，我预感彼得就在那里。我走了过去，孩子们向两边分开，让我进到圈子里面。我看到了一只灰色的、毛发凌乱的猫，显然它已经无家可归有一段时间了。

彼得对我说："这只猫就躺在这里叫唤。我不清楚它还能不能走路。"

我弯下腰，小心翼翼地走近那只小猫。受伤的动物的行为无法预测，即使是最柔顺的动物也会因痛苦而失控。我轻柔地、慢慢地伸过手去，小猫很乖，允许我抚摸它的脑袋。我在这只小母猫（我是这么猜测的）的右耳后面挠了挠，它顶着我的手，这是一个明确的信号，表明它喜欢我正在做的事。我开始仔细地检查这只流浪猫。它的毛都缠在了一起，打了很多结。它瘦成了皮包骨头，但最大的问题是它的左后腿根本就用不上力。当我摸到它的腿时，它虽然有点儿紧张，但仍然很乖、很信任我。它从来没有想过要咬人。

学校的铃声突然响起，把所有人都吓了一跳。

当其他学生向教室四散奔去时，彼得却留了下来。

"去吧，亲爱的，我能处理。"我对儿子说。

"不，您需要人帮您把它弄进车里。第一节课迟到几分钟也没什么大不了的，再说，这也不是第一次了，"他调皮地做了个鬼脸，道出实情，"我不想把您一个人丢下不管。"

我给了他一个"我能拿你怎么办"的眼神，但我内心深处知道，我的儿子有一颗善良的心。彼得跑进学校，拿着一个盒子回来了。我小心翼翼地把猫抱起来放进纸盒里，它并没有挣扎，而是目不转睛地盯着我们。彼得抱着盒子，我们走向汽车。他突然打起了喷嚏——这个可怜的孩子对猫过敏。我打开副驾驶一侧的门，彼得把盒子里的新朋友放在前座上。通常，我不会容许把宠物放在车的前排，但现在我得扶着盒子并盯紧它。

"嘿，彼得，谢谢你。你今天做了一件好事。"我满怀爱意地说。

"当然，妈妈，别客气。"他冲我笑了一下，又打了一个喷嚏，然后跑回了学校。

🐾

我开车去上班，一路上没有发生任何事情。我打电话给我的团队，告诉了他们我要晚到一会儿的原因，以及我还会带一个新患者来的消息。我说我会请他们吃午饭，因为我增加了他们的工作量。两名技术员正在侧门处等着我，他们接过了盒子，对着里面的东西嘟囔起来。

"小心，它是一只流浪猫。"我交代道，但他们知道如何对待流浪猫。"我要给它做一个全面的体检。不过，让我先接待我今天的第一个客户，很抱歉让他们久等了。在此期间，请给它验个全血，如果一切正常，就给它吃一些镇静或止痛的药，好给它的后腿做 X 光

弗兰妮（寻血猎犬）和腊吉（混血犬）

检查。你们最好给它戴上嘴套，以防万一。还有，别忘了选个吃午饭的地方。"

这只猫的验血结果完全正常。没有肾脏问题，没有猫白血病或免疫缺陷病毒等传染性疾病。这是一个好消息。X 光片显示它的后腿有一处非粉碎性的单纯骨折。换句话说，它的胫骨断了，只需支持性治疗就能痊愈。

"我会让骨科医生看一看它的片子，以确认我的判断，然后他们就可以给它装上夹板。它很幸运，不需要动手术，"我告诉我的团队，"但在去骨科医生那里之前，趁它还没有完全清醒，请仔细地给它洗个澡、剪个指甲并清洗一下耳朵。它显然已经在大街上游荡了很长一段时间。之后，请给它置入静脉导管，好补充水分和营养。谢谢你们。"

两名技术员把它带到洗浴台，而我和卡西迪则去为一名患者进行化疗，背景音乐是《红粉佳人》里的配乐。20 分钟后，我去找那两名技术员，好奇他们为什么洗个澡居然花了这么长时间。等我走到近处才发现，这只猫已经彻底变了个样。

"嗯，看来是我错了，它根本不是一只灰猫，"我惊讶地说，"真不敢相信它竟然是一只白猫！这谁会想到呢！"

"是啊，洗着洗着，它的颜色就越来越淡。而且，我无意冒犯，但您第二个猜测也错了……它是只公猫！"我们都笑了起来，我轻轻地摇了摇头，走开了。

生活破破烂烂，狗狗缝缝补补

补充了几天的水分，再加上美味的食物，这只被我们叫作苏尔坦的流浪猫应该会过上幸福而健康的生活。但苏尔坦不能长期留在我们这里。我们是一家为患者服务的医院，而苏尔坦需要的只是严格的作息、优质的食物和一些体贴关爱。

"我们不想把苏尔坦送到收容所。"我的技术主管对我说，另外两名技术员站在她身后。正在电脑上写病历的我停了下来，抬起头来看着他们。

"我也不想。不过，别担心，我有一个计划。"我向我的团队做出保证。我回到电脑前，没有继续写手头的病历，而是翻出了一个老客户的电话。我知道这家人已经搬家了，但我希望他们的电话号码没变。我拨通了电话，期盼着他们已经准备好迎接新的家庭成员。

"喂？"

"您好，罗宾逊太太。好久没联系了，希望您和您的家人都好。"

"啊，是的，大夫，我们都很好。听到您的声音真是太好了！我们非常感谢您为克莱门汀所做的一切。您知道吗，每个感恩节，您都在我们的感恩名单上。我们真的不知道要怎么感谢您才好。"

"您真好。我只希望克莱门汀能活得久一点儿。"

"哦，拜托，它可是一只17岁高龄的暴脾气橘猫。它活得很长。"

"我喜欢暴脾气。话说回来，我打电话来是想知道，您有没有兴

弗兰妮（寻血猎犬）和腊吉（混血犬）

趣收养我们最近发现的一只流浪猫？它相当棒。在为这只流浪猫找新家的时候，我首先想到了您。"

接下来，我向罗宾逊太太说明了苏尔坦的情况，以及它的护理需求。她有点儿动心，于是我们安排了个时间让她来看看这只猫。我挂了电话，感觉有很大把握她会带它回家。苏尔坦将有一个爱护它的好人家。

🐾

我收到了工作呼叫。我拿起下一份病历，想在接诊之前熟悉一下患者的情况。

弗兰妮是一只 8 岁的雌性寻血猎犬，已经绝育。它的病史包括莱姆病和良性脂肪瘤。它做了胃部肿块切除手术，今天是来咨询的。

"早上好，纳尔逊先生……嗯……纳尔逊警官。"看到男子身着深蓝色的制服，我马上改了口。看它身上背带的样式，我不得不认为弗兰妮也是警察中的一员。它在伙伴身边正襟危坐，下巴上挂着一串长长的口水。

我看过弗兰妮的资料，知道它是一只搜救犬。它和纳尔逊警官会接到来自全州各地的求助，帮助寻找失踪人员和在逃的坏人。弗兰妮的工作非常出色，它帮助找到了很多走失的人，成了社交媒体上的明星。

它急需进行治疗并不仅仅是因为警校在这只猎犬身上投入巨

大——把它从一只小狗养大，并对它进行了大量的训练。就像常见的那样，纳尔逊警官收养了弗兰妮，它成了他家庭中的一员。在它不值班出警时，弗兰妮会和纳尔逊一家一起生活，享受着来自这个家庭的温暖。

我曾为其他工作犬提供过咨询和护理。我治疗过许多虽然患上癌症，但仍然热情地引导视障人士的导盲犬。对于导盲犬，肿瘤科兽医必须在延长动物寿命和冒治疗副作用的风险之间权衡利弊。培养出一只训练有素的导盲犬需要好几年的时间，而这种动物必须一直保持状态才能让视障人士远离危险。我还治疗过嗅弹犬和缉毒犬，众所周知，它们会在候诊室搞出一些奇奇怪怪的状况来。有一天，勒罗伊警官带着他的德国牧羊犬来复查，和另一名客户的时间相冲突，而我们猜这位客户是被彻底地吓到了。一看到警犬二人组，他就马上冲进了一间空无一人的检查室，砰的一声关上门，想要赶紧躲起来！

总的来说，弗兰妮一直是一只身体健康的狗。考虑到它曾在工作中为追踪气味而走过的那些树林和田野，它之前患过莱姆病并不令人感到意外。为期一个月的抗生素疗程对它的莱姆病有很好的治疗效果。不过，最近弗兰妮的体重一直在减轻。一开始，它不再把食物吃光，接着就开始呕吐。当时纳尔逊警官把它带到内科做了体检。借助超声波，内科医生在幽门处——胃部的一个区域——发现了一个肿块。肿块太大，无法用内窥镜取出，于是纳尔逊警官和他的同事替弗兰妮选择了手术。手术已经过去了三周，现在它又出现

弗兰妮（寻血猎犬）和腊吉（混血犬）

在了我的面前。

"手术后，弗兰妮的情况怎么样？"我问道。

"您知道，它好多了。它的胃口变好了，尽管还没有恢复到以前的状态。"

"它还呕吐吗？"

"没有，一点儿也没有。我还在按医生的建议给它喂流食，医生还告诉我要少量多次地喂食。"此时，纳尔逊警官掏出一张纸巾，擦掉了从弗兰妮脸上滴下来的长长的口水。显然，多年以来，这名警官一定无数次地从他搭档那毛茸茸的嘴巴上擦掉了许多口水。而且，尽管这是例行公事，就像某件"做就好了"的事一样，但他仍然擦得非常小心。"它什么时候才能恢复正常进食？我现在能让它参加工作了吗？它热爱工作。"

"已经三周了，现在可以恢复正常进食了。但记得要慢慢恢复，如果您操之过急，它可能会出现肠胃不适的情况。"

警官点了点头。

"至于它的工作，只要它准备好了，就可以让它重新开始工作。"

纳尔逊警官咧开大嘴笑了，使劲地挠着弗兰妮的耳朵和下巴。

弗兰妮太大了，无法放在检查台上，所以我又一次像体操运动员做自由体操一样对它进行了检查。然而，它足够高，我只需弯下腰就可以用听诊器听它的心肺。我轻轻摸了摸它的肚子，肚子很柔软，它也不疼。不过，由于它的伤口还在愈合中，我对这个部位要格外小心。然后，我捧起弗兰妮的脑袋，直视它的脸，它也用那双眼皮下垂的栗色眼睛看着我。我抬起它的下巴检查它的嘴巴。天呐，这只狗的口水真多！我应该戴上副检查手套的。最后，我需要检查手术部位，因为伤口在它的腹部，所以我需要跪下来上下查看。伤口整齐、干燥，没有任何感染。我站起来，拉直了裙子和白大褂——我得再说一遍，这并不是给大型犬做检查时的最佳着装——然后洗净并擦干了我的手。

"弗兰妮胃里长的那种肿瘤叫作肥大细胞瘤，"我开口说道，"这是狗身上最常见的皮肤肿瘤。虽然在胃肠道中这种情况并不多见，但也是有可能发生的。它更常发生于猫的胃或肠道。不幸的是，我们无法根治狗身上这个部位的肿瘤。我们从活检报告中得知，弗兰妮胃中仍有些微小的癌细胞残余。"

我同情地看着这位警官。不得不说出让人讨厌的真实情况是我工作中最难的部分。

"而且，不幸的是，这种病预后也不是很好。"

警官直勾勾地盯着我，不放过我说的每一个字。

"可能只有几个月的时间。但我们可以尝试用化疗来治疗这种疾病。"我补充道，总是试图带来一些希望。"如果您愿意，我们最快今天就可以开始。如果您需要考虑一下，我能够理解；也许您可以和警局再商量一下。"

"化疗能有多大效果？"

"这就是问题所在——可能根本无济于事。我们有治疗这种癌症的药物，我们知道剂量和副作用，但不能保证它对弗兰妮管用。

弗兰妮（寻血猎犬）和腊吉（混血犬）

即使它确实有治疗效果，可能也只是延缓几个月的时间而已。"

"我不想因为治疗而让它受罪。"

"我也不想。它的生活质量是最重要的。它胃部不适的可能性很小，不过幸好，大部分的狗在化疗时都不会出现副作用。这种疾病的化疗可以通过服用药片，也可以通过静脉注射的方式进行。"

我介绍了各种化疗方案、时间安排和费用。弗兰妮是一只公务犬，所以如果纳尔逊警官选择化疗，费用将会打折。我给了他一本小册子，里面详细介绍了我们刚刚讨论过的每一件事。第一次听到这些方案可能会让人比较难搞明白，而这本小册子会帮助纳尔逊警官更容易地与他的局长和家人分享这些信息。

在我的长篇大论结束后，他问道："它的嗅觉会变差吗？我听说人的嗅觉会改变。它是一只工作犬，它的嗅觉需要像以前一样敏锐。如果它不再能进行搜救，我们局长是不会动用预算为它支付费用的。"

"我不知道，"我尽量说得清楚些，"很抱歉，我们没有现实可行的方法来判断一只接受了化疗的狗的嗅觉是否会发生变化。但我可以告诉您的是，我从来没有听到过宠物主人抱怨他们的狗有嗅觉方面的问题。我也治疗过其他警犬，它们在重返工作岗位后似乎从来没有跟不上工作节奏的。"

我等着他权衡这些信息。

"那么我们怎么才能知道呢？"他问道，似乎只是在自言自语，"我想我们只能看看它的结果如何了。"他的声音渐渐地低了下去。

生活破破烂烂，狗狗缝缝补补

纳尔逊警官握了握我的手，感谢我的接待。他准备带弗兰妮回总部，并将这些资料提交给他的长官，然后再和他的妻子谈一谈。他答应会打电话告诉我最终的决定。

🐾

在第一次见到弗兰妮的三天之后，我听见喇叭里喊："五号线，纳尔逊先生和弗兰妮。五号线。"

我拿起话筒，说道："您好。弗兰妮怎么样了？"

"谢谢，它很好，"纳尔逊警官说道，"但我还有一些问题要问。"

"好的。您请说。"

"是这样，我一直在看那个小册子。您认为这些方案中的哪一种最好？"

"我要再说一遍，没有哪种比另一种更好。这只取决于您是打算每天给它一片药、每个月带它来复查一次，还是想每周进行一次静脉注射，连续注射好几周。化疗起作用的可能性尚未可知。可能任何一种药物对它的癌症都无效，也可能所有或者一部分药物会起作用。但在尝试之前我们不可能知道结果。这真的是在试错。我知道可能真的很难去面对这种不确定性，但这里没有对错之分。治疗的目标就是试图抑制肥大细胞瘤的恶化，同时让它享有几个月的高质量生活。"

"但您觉得哪一种最好呢？"

弗兰妮（寻血猎犬）和腊吉（混血犬）

165

"没有哪种是更好的，其实不存在错误的选择。从某些方面讲，服用药片对它来说最容易，因为不需要经常来医院。如果服药没有用，我们随时可以尝试进行注射治疗。"

电话那头没有任何声音。

"好的，谢谢。我会考虑的。"纳尔逊警官说。然后他挂断了电话。

🐾

第二天，我又接到了这位警官的电话。

"您决定要怎么做了吗？"我问道。

"我还有几个问题要问。您认为哪种方案对弗兰妮来说是最好的？我们怎么知道它管不管用？"

我坐下来深吸了一口气，我知道这种决定对任何一位狗主人而言都很困难。

"我们真的不知道哪种方案最好，"我说道，"我说过，它们可能都管用，或者比较遗憾的是，它们都没起什么作用。我们知道化疗起效的唯一判定方法是肿瘤在一段时间内没有复发。而一旦肿瘤复发，就意味着药物不再有效了。而且，最重要的是您要明白，我们无法根治这种类型的癌症。"

我其实并不想说得这么直接，但显然，如果不这样，我很难让他理解这一点。

生活破破烂烂，狗狗缝缝补补

"那它的鼻子呢？我们局长说它必须能工作，为此它必须能闻见气味。"

"我明白。但这就是另一个未知数了。它的嗅觉可能会改变，但狗的鼻子里有 3 亿个嗅觉受体，而我们只有 600 万个。因此，即使它失去了一些受体，它仍然有可能出色地进行追踪工作。我治疗过的其他警犬都挺好的。但是，我再说一次，真的没有什么是确定的。"

"是的，但它要在田野里追踪，有时要穿过沼泽，再进入树林。这不是一件容易干的工作，而且很费体力。它能跟得上吗？"

"大部分狗在日常活动时都没有什么问题。我这里有一些做过化疗的狗，它们在敏捷性或服从性测试中仍然能够胜出。我还治疗过几只导盲犬，它们能继续给它们的主人带路。"

"谢谢。我会跟局长说的。不过我仍然不知道我们到底会怎么做。"

纳尔逊警官挂了电话，我伸手去拿我的那堆病历，打算再看看周末前的这个下午都有哪些预约。

"嘿，医生，"蒂亚拉向肿瘤治疗区走来，问道，"嗯，有一家人刚带着他们的狗过来，想见见您。但他们没有事先预约。"

"请给他们约个时间。任何一个我空闲的时段都可以。然后再从他们的常规兽医那里拿到他们的治疗记录。"

"我是这么做的。我是说，我试过了。当我告诉这家人您要到下周才有空时，他们突然大哭起来。"蒂亚拉的表情很是痛苦。

弗兰妮（寻血猎犬）和腊吉（混血犬）

说完，蒂亚拉回到前面去了。10 分钟后，她把一只 7 岁混血犬腊吉·斯图尔特的病历交给了我。腊吉已经做过全面的检查，包括验血、胸部 X 光、腹部超声波，以及臀部肿块的组织活检。看完这些后，我打电话给前台，请蒂亚拉把他们带进我的检查室。

我轻轻地敲了敲门，走进检查室，迎接我的是一家五口和他们的狗。我有点儿被吓到了，我没想到会有这么多人！我几乎都没有地方站了。我感觉他们都在盯着我看。

腊吉坐在主人的腿上，这是一只毛茸茸的米色中型狗，正在大口喘着粗气。它让我想起了电影里的本吉[①]。

"让各位久等了，我是这里的医生……"

"您一定要救救它！"斯图尔特太太打断了我，"它就是我们的一切！"她丈夫把手放在她的肩膀上。"它真的是我们的一切。"她又重复了一遍，这一次她稍微平静了些。

我露出了亲切的微笑。"没错，四条腿的成员是我们家庭中非常重要的一部分。我明白。首先我想……"我再次被打断了。

"不，医生，您不明白。腊吉救过我们的命。"

我看向四周，所有的眼睛都还在盯着我。每位家庭成员都在点头，像是跟着某种我听不到的音乐节拍。我停顿了一下，看看是否还会得知更多的细节。

---

① 一只演员犬。——编者注

当斯图尔特太太在手提袋里翻找时，她的手一直在颤抖。她掏出一张皱巴巴的报纸，把它递给了我，手还在发抖。我有点儿不想接，因为那上面粘了一颗奶糖，但我又不想表现得没有礼貌。不过说真的，当你特别需要乳胶手套的时候，它们又在哪儿呢？我低头看向了报纸。

狗在可怕的大火中救出了家人

抬起头，我看到这一家五口泪流满面。斯图尔特先生无声地哭着，肩膀上下起伏。而斯图尔特太太依旧保持着镇定。

"它救了我们。我们都睡着了，不知道房子着火了。我，我甚至不知道为什么我们没有听到烟雾探测器响。"这位女士低头看着地板，然后抬起头来，用充满悲伤的蓝眼睛看着我说："它叫醒了我们。腊吉叫醒了我们。"说完，她擦掉眼里的泪水，擤了擤鼻子。我递给她一张纸巾。"您看，它救过我们。所以，现在我们也要救它。"她摸着狗的头说道。

我后退了一步，现在明白了。在我介绍了他们的狗所得的癌症——肛门腺癌及治疗方案后，这家人进行了充分的讨论，最后选择了一种治疗方案。但腊吉刚做过手术，还要等一周才能痊愈。我告诉斯图尔特一家，最好先等狗痊愈后再开始治疗。这家人离开了检查室，脚步变得轻松了许多。

弗兰妮（寻血猎犬）和腊吉（混血犬）

　　周一早上，我来到办公室，看到电脑屏幕上贴着一条手写的电话留言：纳尔逊警官有更多的问题想问。

　　现在是早上 7 点，给他回电话太早了。这很好。我需要完全清醒才能再次回答同样的问题。

　　我看完了上午预约的病人，一切顺利。当我回到电脑前，发现了一堆电话留言。现在已经是午餐时间，所以我坐下来回复所有的来电。在和一位咨询猫克隆相关事宜（我不做这个）的女士，以及一位咨询他在网上找到的一些"药物"的先生通过话后，我拨通了纳尔逊警官的电话。

　　"您好。对不起，我没接到您的电话，"我说道，"您说您还有问题？"

　　"我们决定化疗，"他通知我，"我想我们还是选静脉注射吧，如果可以的话。"

　　"当然可以。您做出了决定，这真是太好了。我可以帮您转接到前台进行预约。"

　　"我们能今天就开始吗？它做完手术已经有几周了。我不想让肿瘤有更多的时间长回来。"

　　"当然，我们会安排好它的时间。"说完，我把电话转给了前台。因为我今天的预约已经满了，所以蒂亚拉只能在这一天的尾巴尖上打打主意了。（"一天的尾巴尖"是个小小的兽医式幽默。）

下午 5 点，纳尔逊警官和弗兰妮来了。弗兰妮的鼻子在地面上掠过，一边走一边嗅，身后留下的口水画出了它走过的路线。这名身穿蓝色衣服的男子在将狗链递给肿瘤科技术员时，显然在替他的搭档感到紧张。弗兰妮跟上技术员，在去后方治疗室的路上逐渐熟悉着新的气味。

我伸手去拿放饼干的罐子，弗兰妮马上就坐直了，它一下子就闻到了饼干的气味。它的右嘴角冒出来一个泡泡，接着几滴唾液掉在了地板上。姑娘啊，别摇头，要不然口水就都飞起来了。我立刻给了它一块饼干，这样它就没有时间摇脑袋了。

卡西迪把狗牵到秤上：74 磅。对这个品种的狗来说，弗兰妮瘦了点，不过这是因为它得了癌症。如果化疗效果理想的话，它会重上几磅。

我算出它的用药剂量，杰姬配好了药物。另外两名肿瘤科护士让弗兰妮侧身躺好，夸它是个好姑娘。这只猎犬只要保持不动大约 50 秒就好，但我们可以看出它很喜欢受到关注，并且很愿意在治疗台上躺得久一些。技术员选取了弗兰妮左后腿上的一条静脉，在它短短的红色皮毛上涂上酒精，然后置入蝶型导管。弗兰妮一动不动，它的静脉很粗，导管很容易置入。接着技术员将化疗药物注入导管，药物随之被输入静脉。

一切结束后，弗兰妮站了起来，晃动了一下全身，口水四处飞溅，卡西迪在伸手去拿纸巾时假装发出作呕的声音。弗兰妮却毫不自责，跟着杰姬跑向纳尔逊警官，后者看起来很高兴，他的搭档终于又回到自己身边了。

弗兰妮（寻血猎犬）和腊吉（混血犬）

　　七天后，这对警员警犬组合又来了。如果一切顺利，我们将每周见一次纳尔逊警官和他的搭档，先做四次化疗，接着每两周一次，再做四次，然后是每三周一次。纳尔逊警官微笑着走进候诊室，在前台办理签到手续。

　　"弗兰妮这周怎么样？"我问道。

　　"它很好。"他回答说，再一次擦了擦弗兰妮的脸。"您甚至都看不出来它做过化疗。一开始我对让它工作还有些犹豫不决，但它的表现真的很好。"

　　这真是个好消息。我准备把弗兰妮领到治疗区，但它带着我绕过拐角，径直朝饼干罐走去。是的，它的鼻子和记忆力都没问题。它足够高，可以把头搭在柜台上，满怀期待地看着饼干罐。

　　"弗兰妮，过来。"技术员一边说，一边把它哄到秤上。柜台上它的脑袋停留过的地方留下了一小滩口水。称完体重后，它静静地坐着，以便抽血。技术员奖励了几块饼干给它，但这只会让它流更多的口水。趁着血样被送去化验，我为它进行了体检。看起来一切正常，弗兰妮还重了两磅。鉴于它热衷于大吃甜食的生活方式，这个结果并不令人惊讶。在做完第二次化疗后，这只猎犬和技术员一起走回了候诊室。警察小队集合完毕，一起返回了警局。

生活破破烂烂，狗狗缝缝补补

在弗兰妮进行第四次化疗时，纳尔逊警官告诉我们，每当他和弗兰妮来医院时，一旦还有几个转弯就到我们的停车场，弗兰妮就会兴奋地在警用SUV的后座上低吼，好像它自带全球定位系统似的。

今天的治疗和之前的没有什么不同：这只狗把卡西迪拽到后面，径直走向饼干。不过，在这次复查中，为了更好地检查它的胃部并确保肿瘤没有复发，我们安排了腹部B超。需要三个人才能把这只狗抬上桌子。这姑娘长胖了，现在有94磅，比第一次化疗时足足重了20磅。内科医生把凝胶涂在它的肚子上，用冰凉的探头检查了几分钟，但什么也没发现。谢天谢地，弗兰妮的癌症没有复发。我们把弗兰妮抬下桌子，然后我的技术团队带它回到肿瘤科，开始给它验血、体检和化疗。当然还有饼干等着它！弗兰妮从来不会忘记让我们给它饼干。

我前往候诊室告诉了纳尔逊警官这个好消息。

"猜猜看是谁的体重增加了？可别说是我！"我挤了挤眼跟了一句。如果他猜是我的话，我想我真的会哭的。

"哦，不，它有多重了？"

"自从我们给它化疗以来，它的体重增加了20磅！它看起来是在努力夺回失去的时间。但最好的消息是，它的B超检查结果完全正常。它没有患癌的迹象。"

纳尔逊警官笑得嘴巴都咧到了耳边，面色通红，双眼模糊。

弗兰妮（寻血猎犬）和腊吉（混血犬）

"过了今天，我们就可以把弗兰妮的化疗时间拉长到每两周一次，"我接着说。

下午我请了假，进城去做我自己的一系列体检。它们都是常规检查，但事关重大——确保我没有出现任何 C 字病的指征。

迈克接我下班，然后送我进城。我没有让他觉得这是一件轻松的差事，但他坚持这么做。也就是说，我并没有像弗兰妮那样满怀期待地吐着舌头。事实上，每当我有这样一连串的检查要做时，我都非常紧张——好吧，就是脾气暴躁。但有谁愿意被又戳又扎呢？

我的血管不像弗兰妮的那么粗，所以我担心他们不能轻而易举地扎准。接着我又担心，即使他们找到了我的静脉，为注射 CT 造影剂而放置的静脉导管也会再次造成血栓。

不过，我最担心的还是检查结果，各种猜测再次萦绕在我的脑海里。弗兰妮拥有巨大的物种优势，完全活在当下。它没有遗憾，也没有猜测。纳尔逊警官知道什么叫担心，但他的狗却不知道。担心永远不能改变结果，它只会让忧心者或者像我这样的斗士疲惫不堪。

让我感到些许安慰的是，癌症中心的工作人员都是水平一流的，他们可以让我在回家之前拿到所有的检查结果，所以至少我的各种不确定的假设不会困扰我一周。但即便如此，接受各种检查仍要花上好几个小时。验过血后，护士让我喝下造影剂，这是一种黏稠的液体，他们所提供的各种口味其实都是为了掩盖这种东西很难喝的事实。我有一个小时的时间来喝完它，但我是 A 型血，只用 15 分钟就喝完了。我还接受了造影剂静脉注射，至少这不会影响我的味觉。

完成所有这些准备之后，我做了三次 CT。然后我穿上便服，分别去见我的治疗小组里的两位医生。这是漫长的一天，但谢天谢地，最后的结果是好的，准确地说，是非常好：没有那个 C 字病的指征。

我怀着感激、解脱和乐观的心情一路飘出了医院。几个月以来，我第一次可以允许自己考虑那些看着我的儿子长大、结婚、生子，我和迈克一起度过"黄金岁月"之类的事。也许只是老天和我开了个令人讨厌的玩笑……

我们走出癌症中心，前往医院的停车场，迈克步伐轻快地走在我的前面。堪萨斯已经成为遥远的回忆，他在曼哈顿过马路时已不再缩手缩脚。这一天巨大的活动量让我感到精疲力竭，我远远地落在了后面，但我丈夫想趁现在人少时赶紧付完停车费回到车里，也许我们赶得及在最糟糕的交通高峰期开始之前逃离曼哈顿。

和昨天比起来，我现在觉得自己拥有世界上所有的时间。我不明白我们为什么要赶时间，无论我们是现在还是一个小时后离开，我们都会在可怕的交通拥堵中等待很久。

在一次追赶迈克的尝试中，我掉下了路肩，然后可能走了两三步，突然，砰的一声！我往后跌了好几步，手提包都掉了。一名泊车员倒车撞到了我！我吓了一大跳，但幸运的是，我没有受什么伤。但是小子，我要被你气死了！我气得耳朵里似乎都要冒出气来，就好像他撞坏了我脑袋里的暖气片一样。我拎起手提包，抡圆了给了车子一下。如果我从手术、放疗、化疗和 C 字病中好不容易活了下来，却被这个开车不看路的笨蛋带走，那就太可气了。我让他摇下副驾驶的车窗，这样我就可以大声地、不留情面地告诉他我对他驾驶技术的评价。迈克惊恐地看着这一幕，然后溜进了停车场，似乎在说："谁？我吗？我和那个疯女人不是一起的。"

那个司机承认，他在倒车之前确实没有注意。我向他保证，如果他把我撞死了，我会（此处应有精选脏话）永远缠着他。他吓得睁大了眼睛，我怀疑他在祈求上天保佑。

末了，我继续向前走去，然后安然无恙地上了车。

被车撞到这件事发生得太快了，这是我从未料到也永远无法控制的事情，但它是一个难得的教训。你总是担心着自己的检查结果和 C 字病，结果在回家的路上就被车撞了。事实上，如果你活在当下，既不后悔过去，也不担心将来，你仍然可能会患上重病，却不太可能被一个蹩脚的司机在倒车时撞到。

在得 C 字病之前，我一直认为生活尽在掌控之中，但这个病却让我意识到，我从来没有掌控过真正重要的，哪怕是中等重要的事情。我闭上眼睛，脸上流下了泪水，幸好我的检查结果是好的。感谢上天我还活着，感谢上天我没有像灰（白）猫苏尔坦那样因为腿骨折而住院。不一会儿我就睡着了。

🐾

两周过去了，多亏我一直身强体壮，我的感觉依然很好。我也从停车场的"濒死"经历中缓过神来了。

纳尔逊警官带着弗兰妮来做下一次化疗。当狗转过拐角前往肿瘤治疗区时，我注意到，自从我们开始给它治疗以来，它确实长胖了一圈儿，也许有点儿过胖了。它站到秤上，它的体重刚好是100磅！我的团队放起了海军准将乐队（Commodores）演奏的"她是个性感尤物"（She's a Brick House），并调高了音量。在做完验血、体检和静脉注射后，我带它回到候诊室，并向纳尔逊警官说明了情况。

"我不敢相信它居然长胖了，"他接过牵狗绳说道，"但在局里，每个人都给它喂好吃的。"

他继续说："这很好。这比变瘦要好，对吧？我们的狗是癌症晚期，正在接受化疗，体重增加了26磅，但是管它呢，这是个好兆头。"

他满怀爱意地看着他的狗搭档，然后说道："差点忘了。您看新闻了吗？我给您带了这个。"他递给了我一篇从报纸上剪下来的文章。

警犬协助探员追查在逃凶手

警犬协助当局确认了肇事逃逸司机的身份，该司机撞死了一名在等公交车的妇女。该县警方专门找到弗兰妮，因为这只猎犬的追踪技巧高超。执法部门对弗兰妮接手调查并带领他们找到了嫌疑人赞不绝口。警长说，弗兰妮能够从犯罪现场追到司机更换交通工具准备继续逃逸的地方……

弗兰妮（寻血猎犬）和腊吉（混血犬）

我伸手拍了拍这只狗。"好样的，弗兰妮！你真是个好姑娘。你是个英雄！"我很高兴化疗没有影响到这只猎犬的职业生涯。如果停车场的那个家伙真的把我撞倒然后逃逸，也许就是弗兰妮将他抓捕归案。

🐾

我们所在的州每年都会举办年度动物奖颁奖大会。任何人都可以填写申请表并写一篇短文，说明为什么他们认为某只动物配得上这一荣誉。奖项是按动物的类型分类的：狗、猫、马、袖珍宠物，等等。

弗兰妮在过去的这几个月里战胜了癌症，而且，鉴于它在辖区内的持续优质服务，我认为它将是该奖项的一个优秀候选者。但首先，我需要征得它警察搭档的同意。当纳尔逊警官带弗兰妮来做治疗时，我告诉了他这件事。他说他替弗兰妮感到荣幸，他本人对此也深表感激。

我们治疗这只狗已有 8 个月了，在今天的化疗开始之前，它会按计划再做一次 B 超。我紧张地等待着结果。即使弗兰妮的癌症复发了，我仍然会提名它，尽管那将是苦乐参半的。我的团队从内科回来了，弗兰妮跟在后面，它的鼻子像往常一样贴着地面盘旋。我仔细看了超声波报告，又是一个好结果。这只警犬接受了治疗，还吃了几块饼干。接下来，它将去执行更多的搜救任务。

"嘿，医生，你看到这个了吗？"卡西迪把她的手机递给我。尽管我们已经两周没见到弗兰妮了，但这位技术员关注了这只警犬的社交媒体账号。一个女孩子走失了，在家人、朋友和当地的警察都搜寻无果后，弗兰妮和纳尔逊警官被请来力挽狂澜。弗兰妮又一次成了英雄！

"这真是太棒了！"我喜不自胜地说，"我要给他打电话。"说完，我拨通了纳尔逊警官的电话。

"嘿，医生，您好吗？"警官认出了我们医院的号码，说道。

"哦，我打电话来是想祝贺您和弗兰妮找到了那个女孩儿。这只狗太棒了！"

"是的，它干得很漂亮。他们没有提到它是如何追踪了那个气味好几个小时。那个过程真让人精疲力竭，在树林里我们俩都被划伤了，但弗兰妮紧追不放。"

我能听出他声音里的骄傲。他和弗兰妮在任何意义上都是好搭档，他们一起取得的成就远远超过了他们中的任何一个单独搜寻的成果。

"哦，您听说了吗？"他像刚想起来似的接着说道，"弗兰妮赢得了年度最佳狗狗奖！"

"这真是太棒了！没有人告诉我这件事。我以为他们会通知它的提名人的。但我很高兴它赢了！这绝对是它应得的。"

弗兰妮（寻血猎犬）和腊吉（混血犬）

"他们想拍一张照片，还有一段视频，"纳尔逊警官对我说，"和您一起，在医院里。"

我不是一个喜欢出镜的人，但这是一个很好的机会，它将向人们展示一只狗的化疗效果可以有多么好。"当然，我很乐意帮这个忙，把日期告诉我就好。"

我后来得知，颁奖委员会希望在大会期间为每个获奖者颁奖时播放这些视频。第二天，一名摄影师和一名记者出现在我的办公室，简直是兴师动众。他们采访了我，给弗兰妮拍摄了视频，还给我的肿瘤科工作人员以及这位警官和他的狗搭档拍了照片。显然，弗兰妮喜欢聚光灯，纳尔逊警官不厌其烦地擦着它的口水。摄制小组和警察小队随后离开，驱车前往野外，拍摄弗兰妮如何在行动中找到纳尔逊警官"失踪"且身怀六甲的妻子爱丽丝。还好她的"遭遇"只是出于拍摄视频的需要，而弗兰妮在这个有趣的视频中展示出了令人惊叹的嗅觉。

🐾

纳尔逊警官每过几周就带弗兰妮来做一次化疗。这只英雄的狗狗现在重达 105 磅，但它似乎一点儿也不关心自己的体重。对我来说可不是这样。开始化疗以来，我的体重已经增加了 20 磅，他们说这是"化疗肥"。即使是正常地胖了几磅，我也会感到不安，所以这种副作用是我无法淡然处之的。而且，如果我是吃成这样的，那至少还有一些乐趣。也许这是上天开的玩笑，无论我拒绝了多少食物，或者走了多少公里，这几磅肉都不离不弃——它们压根儿不想去任何没有我的地方。

弗兰妮就诊一周年的时候，我在检查室里和纳尔逊警官进行了一场愉快的谈话，尽管有一点儿严肃。

"我们治疗弗兰妮已经整整一年了，"我开了个头，"而且效果非常好。"

"是的。为此我们要感谢您。"

"嗯，我很高兴它的治疗效果这么好。但我现在要说的是时间方面的事，因为一些人会在这个时间停止化疗。我们还可以继续，尽管我们说不好进一步的化疗到底有没有作用。"

"难道癌症不会马上复发吗？"

"我们现在还不知道。这是好事，因为这意味着它的表现比预期的要好得多。但我们一直都知道它是会复发的，问题是多快复发。一开始它的预后只有几个月，而现在已经过了一年。"

我停顿了一下，因为接下来就要谈到非常敏感的话题了。

"如果继续治疗，不好的方面是它需要时间、它会给警局增加负担，以及，最重要的是，它可能会损坏弗兰妮的骨髓。"

纳尔逊警官看着我，好像他不太确定自己是否理解了我的话。

"骨髓是制造红细胞、白细胞和血小板的地方。我们一直在验血，确认它们都正常，这说明我们的治疗是无害的。但这些药物最终会让弗兰妮的骨髓不堪重负，并降低这些血细胞的产量。也许这

弗兰妮（寻血猎犬）和腊吉（混血犬）

种情况不会出现，但如果出现了，后果可能会非常严重。"

警官坐着思考了一会儿。"这不是钱的问题。您真的太好了，所有项目都给我们打了折。这真的帮了我们大忙，我们局长对此十分感激。"

"嗯，它做了很多有利于大众的事情，就像您一样。我们非常感谢两位。"

警官移开了目光，脸部微微发红，说道："好吧，来接受治疗没有任何问题。弗兰妮喜欢这里的饼干，每次 SUV 快到医院时，它都非常激动。再说，它的验血结果一切正常，不是吗？"

我点点头，等着他做决定。

"让我们接着做吧。我不知道这会不会有用，但我想为我的搭档做我能做的一切。"

🐾

纳尔逊警官继续每个月带弗兰妮来做一次化疗。我们定期给它做腹部 B 超，以确保它的癌症仍处于缓解期。谢天谢地，确实如此。

"嘿，医生。"看到我走过候诊室，警官喊道。

我迎上去问好。

"我有个好消息，"他说，"爱丽丝生了！是个男孩儿！"

"太棒了！"我给了他一个祝福的拥抱。这位骄傲的父亲给我看了他们家庭新丁的照片。我赞叹不已，然后说："请向您的妻子转达我的祝贺。"

"我还有个消息,"他补充道,"弗兰妮正式退休了!"

"什么?为什么呢?"我很是不解,"发生什么事了吗?我还以为它喜欢工作呢。"

"它是喜欢,只是最近工作时有些吃力。它长胖了很多,不能再跑上几个小时,在树林里领路,跳着穿过沼泽……但这些都没关系。它很快乐——胖并快乐着!最棒的是,它可以和我们以及我们的新生儿住在一起。"

他轻轻地摩挲着狗的脸。弗兰妮现在的体重是 119 磅,这让它走路时有些笨拙,看起来颤颤巍巍的。很难想象它能继续扮演一名动作冒险明星,不过现在它会在一个很有爱心的家庭中过上美好的退休生活。当然,更重要的是,纳尔逊夫妇永远不必担心他们年幼的儿子会迷路。

我不时地收到纳尔逊夫妇的消息,我很高兴弗兰妮的"普通狗"生活依然过得很好。它在化疗时增加的体重一点儿都没有减少,不过这似乎并不让它感到困扰。总而言之,它很快乐。它是我们所有人的榜样——尤其是我的。

自从我的体重开始增加后,我就很难开心起来,尽管我的治疗团队告诉我这不是饮食无度的问题。这是一种化疗的后期副作用,

弗兰妮(寻血猎犬)和腊吉(混血犬)

叫作淋巴水肿，即体液特别是淋巴液积水而导致身体部分水肿。如果一个人切除了淋巴结，或者接受了相当剂量的辐射，或者做过手术，就会出现这种情况。而我这三样都占了，所以我重了几磅也就不足为奇了。这一分析应该能让我摆脱负罪感；但同时，它也意味着再多的锻炼和节食都无济于事。

我胳膊上由血栓和血管炎导致的淋巴水肿一开始有所好转，但现在似乎处于某种停滞状态。更糟糕的是，我的腹部、骨盆和大腿处都出现了淋巴水肿，这让我不得不去买一件新衣服。我不想照镜子，因为现在，我的身体让我深感沮丧。水肿也影响了我本就缺乏的耐心。他们说这种情况要有所改善可能需要很长时间，但如果我不尝试，就不会有什么好结果。我打算与一位淋巴水肿专家一起，以重新积蓄的活力和我所有的聪明才智来减少积液。为此我必须保持乐观心态。

幸好，当我在医院工作时，我没有时间为自己感到难过。我的动物患者从来不会注意到我的样子。每当我和它们在一起时，我都能感觉到完整的自己，也就是我本来的样子。不仅如此，它们还会用摇动的尾巴或者一个热情的、湿乎乎的亲吻来感谢我的帮助。它们不认为我的价值与我的大腿围或者我裙子的尺码成反比。这是我想要从我毛茸茸的患者身上学到的许多东西之一。

生活破破烂烂，狗狗缝缝补补

09

纽顿，第三幕

时间会疗愈一切

无论日子好坏，我们的宠物都会给予我们无条件的爱、支持和陪伴。

它们会和我们一起过欢乐的时光，

也会在外面的世界看起来太残酷的时候依偎在我们身边。

纽顿对我们一家三口来说就是如此。

但就像它让我们的生活变得更好一样，

我们也必须尽我们所能让它的生活更好，直到它生命的最后一刻。

我的朋友吉姆两天前去世了。他和我同龄，比我早五个月确诊C字病。他没做手术，也没进行放疗，只接受了大剂量的化疗，而与此同时，他一直在工作。他说他这么做是为了自己的家人，他想留给他们尽可能多的钱，尽管这让他付出了巨大的代价。吉姆经历了周围神经病变，这让他总是出现手脚麻木的症状。他是一名一流的网球教练，而我知道这个病让他很难做好他的工作。开始治疗后我就没再见过吉姆，但我很想见见他；我提出去看看他，但那时他已不想见人。C字病摧毁了他的身体。不过，我们进行了一场非常有意义的通话，我对此非常感激。能够和理解你的人共情总是好的，他会站在你的角度思考。

　　纽顿这些天在家里安静多了。如果不是我儿子彼得在练钢琴，甚至都可以听到针掉在地上的声音。以前在彼得弹钢琴时，纽顿总是非常激动。它会叼出磨牙棒咬几口，或者玩起毛绒玩具来（尽管它对玩玩具的理解是给玩具开膛破肚）。但今天它没有。纽顿不再在我们的地毯上把白色的棉絮（毛绒玩具的填充物）弄得到处都是。今天，我做家务时纽顿一直在看着，但它不再跟着我了，而只用眼睛追随着我。它更喜欢躺在它五个狗窝中的一个里消磨时光，这五个狗窝被精心地放置在房子各处。还好它一点儿都不疼，它只是什么事都不想做。换一种说法就是，它的生活质量不是很高。

意识到他的"大哥"没有出来活动，彼得停止了弹琴。他走到纽顿的狗窝旁边，和它头顶头地一起躺着。纽顿轻轻地舔了一下彼得的脸，彼得用手背擦去脸上的口水渍。虽然现在是纽顿的晚餐时间，但我不想用任何事来破坏这个温馨的时刻。我等着儿子从地板上站起来，然后拿起纽顿的碗。

最近，纽顿平时爱吃的狗粮对它来说已经不那么有吸引力了。我下意识地去拿狗粮的袋子，但又把铲子放了回去，袋子几乎还是满满的。纽顿喜欢把罐装和袋装狗粮混在一起吃，不过我现在还会加一些午餐肉进去，希望能哄得我的狗狗多吃一点儿。冷切火鸡已经很棒了，但今天我决定为纽顿做点特别的。我可能无法控制纽顿的饭量，当然也无法左右疾病的进程，但我至少可以在最后的这段日子里为我的"孩子"做些美食。我烤了一整只鸡，又煎了 1.5 磅的汉堡肉饼。我细心地把油都吸掉，免得它吃了拉肚子。接着，我煮了一大锅白米饭来搭配这些蛋白质。我不必担心这里面有多少碳水化合物，我只想让我的"孩子"吃东西。我把鸡肉从骨头上剔下来，装进保鲜盒，与装满汉堡肉饼和米饭的保鲜盒放在一起。

然后我给我丈夫打了个电话。

"嗨。什么事儿？"我听得出他正在忙。

"你今晚能买晚饭回家吗？"

"当然可以，但那只鸡是怎么回事？我以为你要做鸡肉呢。"

"我是做了，但那是给狗吃的。"我停顿了一下，以为他会说些什么，但他没有。"还有汉堡和米饭，我都放在了冰箱里，都是给它的。"我仔细地在每个保鲜盒上贴上了用黑色防褪色记号笔写的全大写标签："不要吃！这是纽顿的！"我听到一声叹息，但我知道，迈克理解这件事带给了我多大的快乐。

拳师犬纽顿，是我们最亲密的朋友，也是我们家庭中不可或缺的一部分，但 C 字病正在折磨它的身体。我知道我们很快将面临一个我曾经帮助很多家庭去面对的可怕的决定。最难的是对时间的把握，一切都取决于宠物的生活质量：它还能吃东西吗？它想和你在一起吗？它痛苦吗？没有人愿意做出那个可怕的决定，但总有一天我们不得不做出决定，因为没有人希望我们四条腿的"家人"受苦，虽然我们也不想提早一天失去我们心爱的宠物。这和人类医学不一样，我们所爱的人结束生命的那一天不是由我们决定的，至少现在在这个国家不是。

我与 C 字病作斗争的信条是决不放弃，而且毫无疑问，我永远不会屈服。是的，当我和我的丈夫争吵时，我会为他感到难过，因为我一定不会让步，特别是当我确信我有道理的时候。但在纽顿这件事上，对我们家来说，理性的做法是客观地判断这场战斗何时会失败，何时该送它远行。我们现在正在为纽顿做保守治疗，这是为了帮助它提高生存质量而不是延长生存时间。这意味着：它只需要服用一种针对淋巴结肿大的类固醇药物；它可以吃人类的食物了，而之前它只被允许吃狗粮；它还可以和我们一起挤在沙发或床上，而之前它只能待在狗窝里或铺着地毯的地板上。不知道为什么，我不再在意它的口水可能会沾到靠垫上了。

🐾

三天过去了，我们照常过着日子。纽顿舒服地躺在我们卧室中的狗窝里。我儿子在楼下为钢琴音乐会练习莫扎特和肖邦的轻音乐。迈克正在收拾一个小行李箱准备出差，这意味着他有几个晚上不住在城里。虽然在这次行程中迈克会忙着研究一种新的眼科药物，但他确实逃离了家中阴郁的气氛。然而，鉴于家里正在发生的一切，我对他的离开感到忧心忡忡。

"我讨厌像这样丢下纽顿。"他对我说。

"我知道。让我们祝愿它没事。"我走向纽顿的狗窝，给了它一些爱抚。然后我扭头对迈克说："我知道你必须去。这并不是说你在逃避。"

"相信我，我争取过了。但我很抱歉像这样把这个……把它留给你。你觉得在我回来之前它会没事吗？"他紧张地摆弄着包上的拉链。

"我希望如此。也许会没事的，它的情况在过去几天里一直很稳定。"这真的是一件很奇怪的事情。之前的几次，当我们决定对宠物实施安乐死时，迈克都不在场。他会在决策过程中出力——我们都只想给自己心爱的宠物最好的东西。但对迈克来说，让他亲眼看着生命走到尽头实在是太难了。有些人不能在场，这没关系。这完全是一种个人选择，没有对错。

迈克和我沉默了一会儿。我们俩都不想提及我们将要谈论的事情。

"但如果它的情况有变，需要我们做出决定，而你不在，你不会太难过吧？"

我已经把问题摆在桌面上了，但得到的回应却是沉默。迈克坐在床边，我也在他旁边坐下。这真是一个灰暗的时刻。我伸手握住了我丈夫的手。

过了一会儿，他说道："是的。我是说，如果情况变得更糟，就只能走出那一步，因为我不想让纽顿受苦，我会为它感到难过。但我应该跟你和彼得在一起，我不想让你们两个人面对这一切。"

迈克看着我，泪水夺眶而出。我们坐在床上，久久地拥抱在一起。

🐾

日子一天天过去。纽顿整晚都和我睡在床上。第三天早上，当它打哈欠时，我能明显感觉到它热乎乎的哈气。它抬起头，环顾四周，好像不敢相信早晨会来得这么快。这只狗狗无疑喜欢人类的床单和毯子带来的舒适感。它蜷缩在迈克的枕头上，弄得到处都是口水。没关系，使劲洗洗就行，没有什么是洗不掉的。我们下楼开启了新的一天。

现在是夏天，学校刚刚放假。早晨的节奏比平时要慢一些，也没有那么手忙脚乱。我儿子穿着睡衣下了楼，打着哈欠走进厨房。

"嗨，亲爱的纽顿。"他拍着狗的头说。我丢给他一个微笑："饿了吗？想吃点什么？"

"我以为冰箱里所有的食物都是给狗狗吃的。"他夸张地冲我笑了一下，说道。

"呵呵，这一点儿都不好笑。纽顿有它的食物，我们吃我们的。你吃还是不吃？"

"我不饿。"说完，彼得带着他的游戏机去地下室消磨时光了。纽顿趴在它的狗窝里，和我一起留在厨房。

我伸手去拿地上的狗碗，我们的拳师犬似乎没有注意到。显然，今天早上我将不得不用尽浑身解数让它的早餐变得诱人一些。它近来更喜欢碎牛肉而不是禽类，所以我在它的碗里盛了一些汉堡肉饼和米饭。我加入了一些昨天晚餐的肉汁来调味，然后把这个大杂烩放进微波炉。热的、味道更重的食物对宠物的吸引力总比冷餐大，特别是对食欲欠佳的宠物来说更是如此。我必须承认，这个味道闻起来还不错。我把碗放回原来的位置，纽顿抬了抬头，又缩了回去。唉！

我用甜蜜的语气哄道："纽顿，过来，宝贝儿。想吃早餐吗？"纽顿没有动，我把碗端到它的面前。

"纽顿，吃早饭了。"我又说了一遍。它看着我，好像明白我想让它做什么。它站起来，伸着脑袋小心翼翼地吃了几口。我敢肯定它吃东西只是为了让我高兴，只是为了做我的"好孩子"。这个方法是管用的，我很高兴看到了它的努力。但它吃了几口就不吃了。我给它擦了擦脸，它又躺下了。

和所爱的人或动物说再见从来都不是一件容易的事情。无论日子好坏，我们的宠物都会给予我们无条件的爱、支持和陪伴。它们会和我们一起度过欢乐的时光，也会在外面的世界看起来太残酷的时候依偎在我们身边。纽顿对我们一家三口来说就是如此。但就像它让我们的生活变得更好一样，我们也必须尽我们所能让它的生活更好，直到它生命的最后一刻。我提醒自己，在他们的猫或狗即将走到生命尽头时，我会和宠物的主人们一起做以下几方面的梳理。

* **我的宠物疼吗？**

兽医开的处方止痛药可以提供帮助。

* **我的宠物吃东西吗？**

喂食另外一些美味的食物或食欲刺激剂可能会有用。如果需要，可以用皮下注射液来补充水分。

* **我的宠物有活力吗？**

无精打采和睡得比平时多是疾病正在侵害身体的迹象。

* **我的宠物舒服吗？**

它有喜欢的柔软卧具吗？室温是否合适？兽医开的消炎药有时可能有用。

* 我的宠物开心吗?

它是想和我在一起,还是想独自走开? 这是疾病正在发展的另一个迹象。

我试图屏蔽掉我的这些念头,哪怕只有一小会儿。我清扫了厨房的地板,把几个散落的玻璃杯放进洗碗机。我上楼把床单换下来洗掉,又铺上一套干净的。我已经拖了太久了。我得给我心爱的狗狗做个体检。我走下楼,发现纽顿还待在之前它待着的地方,它已经在狗窝里睡着了。

我轻轻地叫醒纽顿,让它站起来。接着,我开始按摩它的身体,我知道这对它有好处。它像个乖孩子一样一动不动,我把手伸向它的脖子,开始做体检。我摸到了它脖子下面、肩膀上、腋下、腹股沟里和后腿上的淋巴结,它们确实很大。我摸过它的肚子,发现它的肝脏和脾脏也变大了。

"彼得!"我在厨房里冲着通往地下室的楼梯喊道。

"什么事儿?"我的儿子回应道。

"你能上来一下吗?"他一定从我的声音里听出什么来了。通常,我会收到一声"好,妈妈"或"马上就来",直到我再问他一次,甚至可能要问三次。但这次彼得二话不说就上来了。他搂住我,我们抱在了一起。接着,我们在狗旁边的地板上坐下,我儿子抚摸着纽顿。

"亲爱的,"我开了个头,知道这不会是一次轻松的谈话,"纽顿的淋巴结相当大，我很担心。尽管我给它做了一顿美味的早餐，但它不想吃，而且它一点儿精神都没有。"

彼得看着我，希望能在我的眼睛里找到其他答案。最后，他说："妈妈，我知道时候到了。"

我们的孩子以洞察力和智慧、成熟和同情心在关键时刻带给我们惊喜，这应该是多么美好的事啊。

"我知道我们要做什么，"他接着说，"对不起，纽顿。"他母鹿般的眼睛里噙满了泪水。

"我得把它带到医院去。你要一起来吗？"

"当然！我真不敢相信您居然会这么问。"

"好的，我只是想让你有所选择。去穿好衣服，我给你爸爸打电话。"彼得上楼去做准备，我拿起电话打给迈克。我其实非常害怕打这个电话，我真的没有想到才过了短短几天纽顿的状况就急转直下。我之前还很有信心地对迈克说，他不在家时狗狗会没事的。我错了。

谢天谢地，他接了电话。迈克在出差时并不总能马上接电话。

"出什么事了？是纽顿吗？"他的声音很难听清。"等一下，让我离人群远一点儿。"我等了一会儿，听到了关门的声音。

"怎么回事？"他问道。

"正如我们所担心的那样。似乎就在你离开的那一刻，纽顿的病情就恶化了。亲爱的，我想它已经不是在享受生命了，而只是在拖延时间。它几乎不吃东西，而且一动也不动。"

我听到迈克的呼吸变得粗重。他也许还哭了。

"好……好吧。"他终于开口了，接下来我们都沉默了片刻。

我思索着该如何谨慎地提起那个话题，因为我知道这对身处异地的迈克来说会很艰难，但我还是得说。

"我想我们今天得对它实施安乐死，再拖下去只会让它受苦。"

我听到了迈克擦鼻涕的声音。

"我知道了。好吧。很遗憾我不能在那里陪着它、陪着你和彼得。我应该陪在你们身边。替我抱抱纽顿吧。请转告彼得，我爱他。"过了一会儿，迈克又问："结束的时候你会告诉我吧？"

"当然，我会给你打电话的，"我啜泣道，"我爱你。"

"我也爱你。"

我挂断电话，擦了擦鼻子，收拾好东西出发。我给我的工作团队发了消息，告知了他们我们的决定。我们三个慢慢地走向汽车。我从手提包下面翻出手机，关掉了它的声音，因为我听到了连续不断的消息提示音。虽然很可能是我敬业的团队在回复我，但这声音实在是让人难以忍受。我打开旅行车的后车门，纽顿想跳上去，但没有成功。我抬起它的后半身，然后慢慢地关上了车门。我希望彼得没看到，但他看到了，我从没见过他如此难过。

开车去医院需要 20 分钟，我们全程一言不发，似乎要沉默到永远。尽管太阳已经出来了，但我们似乎仍身陷浓重的灰雾之中。终于，我把车开进了停车场，然后走向后座为纽顿打开车门。我把牵狗绳套在它的脖子上，它跳了下来。

我儿子还在车里坐着。他是不是根本不打算进来？我是不是漏掉了什么？当纽顿和我走到副驾驶的位置查看时，彼得擦了擦眼睛，下了车。我们一起步履沉重地走进医院。

蒂亚拉给了我们一个温暖而会意的微笑。没有语言交流，我们之间其实不需要语言。我们在一起共事了很久，而且她善解人意，我们的交流往往是无声的。当纽顿、彼得和我绕过拐角走到肿瘤门诊部时，纽顿开始慢慢地晃动它那条短短的尾巴。这里对它来说是一个快乐的地方，它成长过程中的很多时光都是在这里度过的，它还和工作人员交上了朋友。看到它开心起来真是太好了。只要有朋友在，它就无所畏惧。

"纽顿小乖乖！"卡西迪俯下身抚摸着狗狗说道。另一位技术员得知我们在这里后，穿过大厅抱了抱我，然后擦掉了她的眼泪。内科医生看到我们大家，也走了过来。我们不需要告诉他将要发生的事。他察觉到房间里的伤感气氛，抱了我一下。我的神经科兽医同事体贴地提出由他来打针，我客气地拒绝了。虽然这是工作中最难的部分，但一视同仁是我的工作。我看向我的儿子，想让他感受到此时此刻我们正被爱心包围着。杰姬快速地拥抱了彼得一下，然后转身看着我。她无法让我不为即将发生的事情而伤心，而这一点我们彼此都很清楚。我勉强冲她笑了笑，她抱住了我。我们拥抱了一会儿，随后我退后了一步，我需要保持一定程度的镇定来处理手头这个艰巨的任务。

"彼得，亲爱的，如果你准备好了就告诉我。"我温柔地说道。

"没关系，妈妈。我们可以的。"

听到我们这么说，我的同事们开始陆续离开，给我和儿子留出一些私人空间。杰姬向我请示如何操作，她知道这不是一个人能完成的。我叫住肿瘤科的三名护士，请她们留下来帮忙。在纽顿治疗过程的每一步中，她们都陪着我们一家。尽管这对她们来说并不容易，但我知道他们每个人都想和我们在一起。杰姬把必需的药物和静脉导管递给我——我的团队一收到信息就开始准备了。就在我开始放低纽顿经常盘踞在上面的那张台子时，这只狗想像以前那样跳上来。然而，这次它没有力气做到了，它摔在了地板上。我迟疑不前。彼得伸出援手，在这只有点儿蒙的狗狗站起来后，他把手放在了它的脖子上。

"在这里等着，纽顿。你是个好孩子。"他说道。这对他而言真的很难。

台子慢慢放低了，狗狗爬了上去。我把台子缓缓升起来，不难看出它就喜欢像这样高高在上。傻孩子！技术员让纽顿躺好。这个姿势和它这几个月做化疗时的姿势是一样的，但此时却没有背景音乐相伴。

"你可以吗，亲爱的？"我眼巴巴地看着儿子问道。他肯定地点了点头。彼得意志坚定，看着纽顿的脸，抚摸着它额头上天鹅绒一般的皱纹。我紧紧地握住了我那勇敢的儿子的手。

现在，剩下的就是我的事了。给宠物——无论是任何人的宠物——做安乐死，都会令人十分伤感。在和宠物的家人一起经历这个过程时，我自己也很难过，很想哭，但我需要在那里尽力安慰那些伤痛的人。这真的是个难以忍受、让人心碎的情形。为了找到我要放置导管的静脉，我必须强忍眼泪。这一次是我自己的狗狗。我的儿子在这儿，我只想抱着他，做他的母亲。我知道自己必须保持镇静才能不出差错，所以我操作时很小心，但我却正在失去我自己可爱的宠物。我做了一次快速的祈祷，祈求被赐予一次就放置好导管的技能。没有人能忍心看着别人在给他们的宠物实施安乐死时在不同的血管间试来试去。很幸运的是，导管一次就插好了。纽顿一动也不动，它永远都是那么信任人，它一直觉得在这里很安全。

它将被注射两种药物：第一种药物会让它进入深度睡眠；第二种药物会让它的心肺停止工作。整个过程可能只需要一分钟左右。我环顾了一下台子四周。我身边四个充满爱心的人都在盯着我们的狗狗，没有人注意到我在看着他们。泪水从卡西迪的眼中流下来。我深深地吸了一口气，再慢慢地呼出。我对自己说，我能做到。手啊，请稳住，别再给我的纽顿添麻烦了。我取出药物，接入导管，开始用注射器将它推进静脉。我一边推一边轻声对纽顿说："好孩子，宝贝儿""纽顿是个多好的孩子啊""我们爱死你了，好孩子"。我抬起头，看到杰姬泪流满面。我不能再看他们任何人了，否则我会搞砸的。我低下头，拿起了下一个也就是最后一个注射器。我把它插入导管的接口，开始慢慢地给我的狗狗输进去。这一瞬间似乎无比漫长。注射器空了，我放下注射器，抓起脖子上的听诊器听了听。它没有心跳，没有呼吸。纽顿已经走了。

三位同事都哭了起来。她们无声地迅速走出房间，留些时间给我和我的儿子。他和我紧紧地拥抱在一起。一开始他没有哭，但我知道我不能松开他。我们继续拥抱着，他终于开始放声哭泣，我也泣不成声。看到儿子如此痛苦，我的心都碎了。我是不会松开他的，一直到他不再哭泣为止。他的眼泪打湿了我的肩膀，这些眼泪饱含着他对这只狗狗深深的爱。我们转向台子上纽顿的遗体。这时，我的一名工作人员走了进来，给它盖上了一条柔软的毯子。我从未见过他们这样做，但我很感激他们的好意。毯子没有盖住纽顿的头。我告诉儿子我爱他，我们开始抚摸我们的狗狗。

"我也爱你。"他说。我们默默地站了一会儿，接着，彼得的眼睛里闪过一丝光亮。

"还记得我们把还是小狗崽的纽顿第一次带回家时的情形吗？"他说道，"结果它尿在了我的床单上。"

我接过话头："还记得当那个长得像《亚当斯一家》（*The Addams Family*）里费斯特伯伯的陌生人敲我们家的门时，它都吓坏了吗？"

"还记得它打开它的生日礼物，撕碎纸巾找到尖叫玩具时有多开心吗？"

"还有它差一点儿就吞下了那个玩具！它爱死它们了。"

"还有你教给它的那些单词，妈妈。我敢说，当有人说'借过'时，它是唯一知道让路的狗狗。"

"是啊，它的词汇量确实很大。它真是一只很棒的狗狗。"我笑着说。

"是的，它是的。"

"而且它非常爱你，"我提醒我的儿子，"尽管这很难，但我们做出了决定。你能在这里陪着它真是太好了。我知道这并不容易，我很为你骄傲。"我们又拥抱在一起。"我真的很抱歉。你现在想多陪它一会儿吗？"

"不，我没事。我们走吧。"

我把头探出门外，告诉工作人员我们要走了。每个人都哭着拥抱了我们两个人。我很感激能和这样有爱心的人一起工作，我知道他们会很好地照料纽顿的遗体。取回它的骨灰需要 10 天的时间，但到时候我会处理的。

我肩上的重担卸下了。尽管我非常难过，但我还是对纽顿实施了安乐死，给予了它应得的尊严。我过去可以、现在也可以给我亲爱的儿子以支持，让他很好地应对了一个艰难的局面。当我们穿过候诊室前往停车场时，我感觉所有人都在注视着我们——包括前台小组、亲爱的蒂亚拉，以及在场的、等着被叫到名字的宠物主人。我现在的状态不适合接受大家的慰问，我真的只想和彼得一起回家。我低下头，我们继续往前走。

回家的路程似乎快了很多，尽管我和彼得仍然一言不发。我们驶入车道，耀眼的阳光洒在挡风玻璃上。

我们下车回家之后，才体会到家里孤寂空虚的现状。多奇怪呀，一只 52 磅重的拳师犬就能填满一整栋房子。半小时前愉快的追忆立刻转化成了浓重的悲伤。

我们不知所措地在厨房里站了一会儿，我讲了一个故事，向彼得讲起了我在兽医学校和实习期间养的那只浅褐色的拳师犬，也就是我第一次见到他爸爸时正在遛的那只。"闪电"对我来说是独一无二的，是我忠实的伙伴。我太爱那只狗狗了，经常企盼它能多活几年，尽管我知道一只拳师犬的平均寿命只有 9 年。我很幸运，"闪电"活到了 11 岁。它去世后，尽管我知道我和我的宝贝在一起的时间比一般的拳师犬主人多出了 2 年，但我还是非常伤心。宠物的寿命比我们希望的要短得多。虽然我很想养"闪电"几十年，但我想，好的一面是，我在一生中可以遇到不止一只甚至很多只狗狗。

"每只狗都是不同的，"我对儿子说，"每只狗教给我们的事情都不一样。我想，它们在不同的时间出现在我们的生命里，就是出于这个目的。这么说并不能消除现在的难过和痛苦，但我向你保证，伤痛会减轻的。"

彼得看着我，他显然明白了我的意思，却一个字也说不出来。我们拥抱了一会儿。之后，我的儿子要回他的房间一个人待一会儿，而我独自留在了厨房里。

我经常告诉那些宠物的家人，他们的痛苦和悲伤会减轻的，只不过需要时间，而且有时候会需要很长的时间。我知道我家人和我的伤痛是会减轻的，但此刻这种想法并不会让我好过一些。我疲惫不堪，而且伤心欲绝。

我拿起手机打电话给迈克，告诉了他今天发生的不幸事件。

10

凯莉（喜乐蒂牧羊犬）
和达斯蒂（拳师犬）

幸福就是一只温暖的小狗

有时候，我们都会陷入自己的麻烦之中。

我在窗户中瞥见了自己的身影，我的棕色秀发几乎完全长回来了。

现在想想，我曾经那么担心我的头发，真是有点儿傻。

但在那时，它却对我意义重大。

它曾经是我唯一可以控制的东西，

或者是我认为自己唯一可以真正控制的东西。

这次来到癌症中心标志着我与 C 字病的抗争已经一周年了，但没人想要这样的周年纪念日。难道这种情形还要配上晚餐、蜡烛和鲜花吗？迈克今天陪我一起来，这个场合可一点儿也不浪漫。我刚刚验完血、做了三次 CT，还见了放射肿瘤医生和给我检查耳朵的听力专家，我很累。作为一名出色的多面手，我感到自豪，但这真的让人精疲力竭。

总体而言，我的体力似乎一个月比一个月好。我仍然有感觉好的时候和不那么好的时候，但还好，它们之间的差别也比过去的几个月小了。随着检查结果正常的时间越来越久，我的状态也越来越好。

我焦躁地坐在肿瘤内科医生的办公室里，等待着我的检查结果，我感到一股情绪的洪流向我涌来，而我从来都不是一个合格的游泳者。最近我很想大哭一场，但也就掉下了几滴眼泪，然后就没了。我对跨过这一阶段感到害怕和紧张。三个月一次的常规检查，给我的感觉就像我每个季度都要面对自己的死亡一样。我现在正等着见我的肿瘤内科医生，如果结果不是我想要的，我很可能会信心全无，或者带着饼干（也许是土豆沙拉或薯条蘸酱）从人前消失。但当我舔完伤口后，我仍会记起我是一名坚强不屈的战士。迈克这位忠诚的战友就在我身边。今天，我猜你可能会说他是我的救生圈。不管怎样，我很高兴有他在身边。

"嘿，迈克。"我说道，把他从对手机的沉迷中拉出来。

"什么？"他看着我，在候诊室不太舒服的塑料座椅上不停地变换着重心。

"你有没有想过我们再养一条狗？"我问他，尽管我实际上不确定我在这个问题上到底是怎么想的。

自从失去纽顿后，我把它的狗粮、玩具和五只狗窝全部都捐给了我们住地的镇收容所，至少这样它们可以帮到其他有需要的宠物。在家里四处走动时，我对纽顿的记忆仍然会鲜活地浮现在脑海中。我还是会看向它喜欢躺的地方，但遗憾的是，它不在那里。有时，我甚至发现家具的布料上粘着几根它短粗的毛发。无论我多么努力地用吸尘器吸，它们仍然坚守阵地。我必须承认，我一直在与愧疚对抗——那种我在而我的狗狗不在的愧疚，那种也许我本可以做些其他事或者做更多的事来帮助它战胜 C 字病的愧疚，以及纽顿为了救我而以某种激烈的方式付出一切的愧疚。

"你提起这个有点儿怪怪的。"我丈夫回答道，打断了我的思绪。"我一直在想同样的事，只是还不确定我是不是准备好了。"

我们默默地坐了几分钟，都在思考这个问题。终有一天，我们的心里会有容纳另一只新狗的空间，但我们的心需要先痊愈。这并不容易，而且我们做任何决定都必须考虑彼得的想法。即使我们的内心还没有完全准备好，而我们的儿子想把他的爱给另一只拳师犬，那么我们也会一起准备开始新的篇章，我们是一家人。但紧接着，恐惧涌上我的心头。新的篇章里会有我吗？我还在吗？

接待员来领我们去检查室。我大口地喘着气，握紧了我丈夫的手。

我们最近都伤痕累累，但我们在渡过这些难关后都变得更加坚强了，也更能够经受住磨炼。当恐慌袭来时，我问自己：如果我知道一切都会好起来，我会怎么做？我能不能现在就这么做，即使我面对的是不确定性？这可能是我从我的四条腿的患者那里得到的启示。它们享受生命的方式是活在当下。它们从来不会把时间浪费在各种担忧上，无论时间是长是短。

我听到有人在检查室的门上轻轻敲了一下，接着门慢慢打开。迈克抓住了我的手，紧紧地握着。我的肿瘤医生走了进来，她穿着上了浆的白大褂，身体挺直。我目不转睛地盯着她，试图在她的脸上找到一些有或没有好消息的线索。她和我丈夫寒暄了几句，但我一个字也没听进去。她带来的检查结果会成为我的救星还是杀手？我真想喊："快告诉我结果吧！"

她察觉到了我的焦虑，马上转换了话题。

"一切正常，"她看着我笑着说道，"你的检查结果很好。"

谢天谢地！（尽管我希望她能跳过寒暄以及悬念，直接说重点。）我不由得哭了起来。迈克拍了拍我的膝盖。我旁边的椅子上堆满了

凯莉（喜乐蒂牧羊犬）和达斯蒂（拳师犬）

被泪水打湿的纸巾。我知道情绪激动会让迈克感到局促，但我必须得哭一场。

我含着眼泪站了起来，问我的医生我是否可以拥抱她。她很高兴地答应了，我们拥抱在一起，但也只是片刻。虽然我本可以抱得更久一些，但我们的关系还没到那种程度。迈克站了起来，轻轻地拍了拍我的后背。我能感觉到他在安慰我的同时也大大地松了一口气。我们都需要收到好消息，我们都需要从最近的遭遇中得到喘息。

我的医生继续问了我一些常规的医疗问题，我一边擦着眼睛、擤着鼻涕，一边努力地回答她。湿纸巾堆越来越大。但我得到了好消息，而且是相当好的消息。

医生说话时，我再次问自己：如果我知道一切都会好起来，我会怎么做？我可能会更轻松也更快乐。我不会把我自己或我的病看得这么重。现在得出这些答案很容易，但如果我不是那么担心结果，而是更相信生命本身的进程，一切可能会平静得多。

也许三个月后，当我面对下一次检查时，我还是会以这种更平和的心态迎接它们。我知道，尽管说起来容易做起来难，但也许我可以慢慢地做到这一点。当生活在路上给我设置了一些小小的减速带时，我可以拿它们做练习：屋顶漏水、我丈夫忘记了我们的周年纪念日、我的小孩没交家庭作业、一天工作的辛劳。如果我完全诚实地面对一切，我就会发现：尽管治病期间的我不能全程协助他（或者唠叨他，这取决于你的立场），但我的儿子已经完成并提交了他的大学申请；我们的房子没有坍塌；迈克弄懂了为什么不能把红色衬衫和白色衣物一起洗。

我和丈夫收拾东西准备回家，我也向医生表示了感谢，感谢她让我捡回了一条命。迈克握着我的手，我们离开了医生办公室。我紧紧地握了一下他的手，感激他一路以来的支持。今晚，他和我将早早地外出就餐，以庆祝今天收到的好消息，就像人们在周年纪念日里所做的那样。

🐾

我很高兴又能够全身心地回到我热爱的门诊部工作。离开的这一段时间无疑让我很感激有机会成为一名兽医，并与这样一群了不起的人一起共事。对我来说，这不仅仅是一份工作，它还在很大程度上造就了我。根据医生的建议，我先从非全天工作开始，慢慢适应。不幸的是，快下班时我已经十分疲惫。尽管我已经为自己设定了工作量，但我需要把这些良好的意图贯彻下去。否则，我会感觉泄了气，像个被车碾过的卡通人物。我不想成为大笨狼怀尔。

在一个和平时一样的早晨，我走进医院，蒂亚拉带着狡黠的微笑向我打招呼，告诉我重症监护室里有我想看的东西。我来不及把东西放到我的工位就来到了医院后面，发现四名技术员正弯腰围着一个大笼子。

"嘿，医生，您一定要看看这个。"一位重症监护室的技术员说。另外三个人闪开了，好让我看得更清楚。

凯莉（喜乐蒂牧羊犬）和达斯蒂（拳师犬）

"哦，我的天！"我脱口而出。我跪下来爬进笼子，里面躺着一只浅褐色的雌性拳师犬，一群小狗正在蹭着它的奶头。

"它什么时候来的？"我问道。

"昨天晚上。它遇到了难产，生了几个小时没生出来。养狗人半夜带它过来，我们通知了随时待命的外科医生。贝拉进行了剖宫产，它很快就生下了五只健康的幼崽。"

"哦，我的天，它们绝对都是宝贝。"我抱起一只暖烘烘的小狗，把它贴在我的脸上，闻着它那小狗特有的气息。查尔斯·舒尔茨说得对——幸福就是一只温暖的小狗。我闭上眼睛，尽情享受着这只可爱的小拳师犬带来的快乐。当我们第一次把纽顿带回家时，它差不多就这么大。抱着这小小的一团，我在这个世界上的所有烦恼似乎都消散了，哪怕只消散了几分钟也好。小狗发现我脖子上有一处温暖的凹陷，蜷缩在了那里。笼子里的新生儿正互相踩来踩去，争抢着母亲的乳汁，发出微弱的哼叫声。

"你知道的，医生，它们可能在找一个家，"这位技术员含混地表示，"我也就是这么一说。"

她的话把我带回了现实，我的心理障碍又冒出了头。"你在试探我，"我说道，"但这必须一家人一起决定才行。况且，狗崽们通常在出生之前就被认领了。"

说完，我把这只小狗放回笼子里，让它回到它的妈妈和兄弟姐妹身边，然后走过大厅，一边哀悼着我的狗狗，一边开始我忙碌的一天。

生活破破烂烂，狗狗缝缝补补

自从我们失去了纽顿，每当我看到拳师犬患者时，我都悲喜交加。这些狗都很棒，但有时这种近距离接触会触动我的心弦。我怀念纽顿的吻和它忠实的陪伴，我甚至会怀念它的口水。显然，我还没有完全从伤痛中恢复过来，但这些可爱的小狗狗确实带给了我一些思考这个问题的快乐。

我回到工位，发现电脑屏幕上贴着一张来自急诊室的便条，上面写着：有个肿瘤患者需要你来接走。嗯，这有点儿奇怪。我的部门从夜班急救团队那里接收患者是极其罕见的事情。虽然我本人轻伤不下火线，但我的目标是让患者好好地待在家里。我和技术员回到重症监护室，看看发生了什么事。

凯莉·威廉姆斯是一只6岁大的喜乐蒂牧羊犬，它被诊断出移行细胞癌，这是一种狗最常患的膀胱癌。大约7个月前它做了肿瘤切除手术，今天是第一次来见我。尽管凯莉年纪轻轻就得了这种病，但它口服癌症控制药物的效果很好。它每天服用一剂消炎药，这对它的病症很有效。在少数病例中，这种药会刺激狗的胃，但到目前为止，这只牧羊犬的药物反应还好。我看了看它的病历，发现凯莉昨晚来就医是因为它在威廉姆斯太太的白色地毯上吐了7次。据我对威廉姆斯太太的了解，这无疑让她很不快。此外，这只牧羊犬对狗粮也不感兴趣。威廉姆斯太太担心是药物让它感到难受。凯莉被送进医院，我们通过静脉输液给它补充水分，同时让它禁食，好让它的胃得到休息。

卡西迪拔掉它的输液管，想把它从笼子里抱出来。它是一只害

凯莉（喜乐蒂牧羊犬）和达斯蒂（拳师犬）

羞的狗，非常抗拒。它也相当沉，于是我和同事一起弯下腰把它抱起来放在检查台上。我检查了它的牙床和皮肤弹性，发现它仍然有些轻微的脱水。借助体温计，我们知道它没有发烧。当我触摸它的肚子时，它不舒服地动了动。而它的其他体检项目没有什么需要注意的。我把狗按住，护士抽了血送去化验。我们一起数到三，把凯莉从台子上抬起来，再轻轻地放到笼子里的垫子和毯子上。卡西迪给它接上输液管，我走到工作台前开始填写这只牧羊犬的病历。

20分钟后，凯莉的验血结果摆在了我面前。我笑着摇摇头，心想：把什么都怪在癌症治疗的头上是多么容易啊。我伸手拿起电话。

"喂，威廉姆斯太太吗？您今天早上过得怎么样？"我问她。

"我很好，"她主动说，"但昨晚的那通折腾让我很疲倦，清理地毯也让我累得要死。"

"很遗憾，您的狗不得不在医院过夜。凯莉有没有可能迷上了什么东西？"

"不……没有。"她边想边慢慢地说道。

"它会不会吃了狗粮之外的其他东西？"我提醒道。

"嗯，是的，您这么一说我想起来了。它从盘子里偷了一串烤排骨，然后吃得一干二净。我告诉过汤姆不要把盘子放那么低，但他不听。这就是导致它不舒服的原因吗？"

"是的，看起来凯莉是得了胰腺炎，很可能是因为吃了它不该吃的油腻食物。还好，借助辅助治疗和药物，它很快就能恢复正常。"

"哦，谢天谢地，"威廉姆斯太太说道，"也谢谢您。所以，这和它的癌症没有关系？"

"没错。这只是狗常有的毛病——想吃不该吃的东西。"

"我现在可以去接它了吗？"

"我们还得看看它白天的表现。我们要让它的胃好好休息一下。下午晚些时候我们再联系。如果它好点儿了，它肯定可以回家；否则，它可能还得和我们再多待一个晚上。"我答应今天晚些时候再打电话给这位忧心忡忡的女士，然后挂断了电话。

止吐药、静脉输液、止痛药和休息会让凯莉好起来的。等它可以回家时，我们会让它的主人先给它吃一些清淡的食物，然后让它的胃肠道慢慢地重新接触食物。

我想，有时候我们都会陷入自己的麻烦之中。就我而言，脑袋里的轰鸣就是困扰我的那个东西。我一直试图平息这些噪声，并不断提醒自己，什么值得我投入精力和注意力，什么不值得。我觉得吃点儿烤排骨还不坏，只是这只牧羊犬做得太过分了。我在窗户中瞥见了自己的身影。我抬起胳膊，指尖划过头发，我的棕色秀发几乎完全长回来了。现在想想，我曾经那么担心我的头发，真是有点儿傻。但在那时，它却对我意义重大。它曾经是我唯一可以控制的东西，或者是我认为自己唯一可以真正控制的东西。

到了下午，凯莉明显好多了。它来医院后就没有吐过，它警觉地观察着 ICU 里发生的事。我们给它喂了少量的水，看它能不能喝下去。它用舌头舔了舔，接着在碗的附近嗅了起来，寻找着食物。技术员陪着凯莉，我穿过大厅去给它买了一些清淡的狗粮。看到我

凯莉（喜乐蒂牧羊犬）和达斯蒂（拳师犬）

回来，凯莉站了起来，期待地摇动着尾巴。它几口就吃完了这些软食，然后看着我们，好像在说："就这些吗？你肯定还有更多！"

"好了，凯莉，你是个好姑娘。只要我们看到你的胃没事，而且把这些食物消化掉了，我们就会多给你一些的。"我摸了摸它的头顶，然后关上了笼门。

一天的工作结束后，凯莉在晚餐时间被送回了家，我想这是凯莉在一天中最喜欢的时刻。但威廉姆斯太太收到了严格的指示，关于她的牧羊犬能吃什么、不能吃什么，尤其是在接下来的几天时间里要特别注意。我们需要对它的肠胃温柔些。这只狗将继续在家里服用止吐药。如果威廉姆斯太太有任何问题或担忧，她会随时打电话给我们。

我关掉电脑，收拾好今天的东西。走出医院，我发现自己也期待着把昨晚有一窝拳师犬刚刚出生的消息告诉我的家人。没有什么比小狗崽更可爱的了，但我认为我们还没有准备好完全敞开心扉去接纳一个新的家庭成员。这让人不禁想问：哀悼的过程什么时候能结束？我一直告诉我的客户，当时机成熟时，他们会知道的。或许我应该采纳一些自己的建议。

🐾

几个月过去了，我仍然不习惯这个家因为缺少了一个四条腿的朋友而变得如此安静。我发现我很容易沉迷于日常工作，但也只是埋头苦干而已，如果没有一只狗跟着我从一个房间到另一个房间，或者在我进屋时热情地迎接我，我会更加孤单。当我在电脑前坐下时，我确实正在考虑关于引进新的家庭成员的事。

"嘿，妈妈！"彼得一边喊，一边从楼梯上跳下来。

"我在这里。"我在厨房里喊道。

"您猜猜看！"

"哦，嗯……"

"我考上了！我考上了！我考上了罗切斯特大学！"彼得激动地伸出双臂紧紧地抱住了我。妈妈渴望这样的拥抱。

"亲爱的，我真为你骄傲！"我也紧紧地抱住他，说道，"这真是太棒了！"

"我还收到了其他几所大学的录取通知书，但我想去罗切斯特。"

"看啊，你真棒。你靠自己的努力做到了这些。而且，宝贝儿，被录取时还可以挑选学校可真不错。你能给我看看那封电子邮件吗？"

"当然，然后我要给爸爸打个电话。"

我在心里感谢老天，为了我们的儿子这个快乐的时刻。他正在长大成人，尽管这一年我们家过得很不好，但彼得依然取得了成功。

当天晚餐时，迈克和我用起泡苹果酒为彼得庆贺，这可真是好东西。迈克用叉子轻轻敲了敲杯子，清清嗓子说道：

"啊哈。彼得，我们为你感到无比骄傲！你很努力。我们很高兴你被你的第一志愿学校录取了。而且我知道，无论你想做什么，你

凯莉（喜乐蒂牧羊犬）和达斯蒂（拳师犬）

都会做得很好。"叮当声在我们三个人的酒杯之间响起。

我们开始吃饭，我决定试探试探。

"嘿，伙计们，我确实一直在研究新家庭成员的事。比如……一只新的拳师犬。"

"我就知道你在打什么主意。"迈克咬了一口抱子甘蓝，笑着说道。

"小狗吗？"彼得问道。

"对，小狗，也许是一只搜救犬或成年狗。当你想养一只小狗时，一般不太容易找到。可同时也总有一些成年狗需要找个好家庭。"

"嗯。但是，如果我这一两个月就要去上大学了，它怎么会记住我并且喜欢我呢？不如等我从学校回来再养吧？"

"嗯，你知道吗？我猜你妈妈一定是已经找到了，正打算告诉我们。我们很快就能有只狗了，这样它就有时间来认识你。你不必担心，狗总能记住它们所爱的人。而且，你不在家的时候，家里有只狗也不错。这对你妈妈和我都好。"

"我想我们可以去看看，"彼得提议，"但这要看情况。"

🐾

我开车带着儿子去看拳师犬，感觉自己就像个头脑发热的孩子。这将是一段近 2 小时的长途跋涉，但很值得。

我们开得很快，很早就到了，我决定绕着街区先转一会儿。绕了几圈之后，我把车停在了养狗人的门前。

我儿子问："妈妈，这样可以吗？"

"当然，我们确实准时到了。"

"不，我是说，可以再养一只狗吗？您知道，因为纽顿？"

"哦，亲爱的，这样很好。纽顿知道你很爱它，但它也会希望你给另一只狗同样的爱。而且从某种意义上说，你是在用另一只拳师犬来纪念它。"

"我想也是。"

"我们永远不会忘记纽顿，永远不会。它是个多么好的孩子。但或许我们可以给另外一只狗一个相当棒的家，你知道的。"

"嗯，我们不一定要带它回家，对吧？"他解开安全带说道，"我们看情况，对吧？"

"当然。"我答道。说完，我们走向前门。彼得按下门铃，我们听到门后有几只拳师犬齐声叫了起来，这对我来说简直就是美妙的音乐！显然有人正牵着一群狗。门终于打开了，只有一只拳师犬站在那里，并以创纪录的速度晃动着它的短尾巴。养狗人黛比把我们迎了进去。

我站在玄关，看着那只狗。它叫达斯蒂，是一只漂亮的四龄犬，在深色毛发的映衬下，它眼睛之间的白色条纹和宽厚的白色胸部十分显眼。它棕色的双眼在彼得和我之间扫来扫去，似乎停不下来，好像在说"嗨！我在这儿"。我俯下身去摸它的头，好像是在抚摸

凯莉（喜乐蒂牧羊犬）和达斯蒂（拳师犬）

一个移动的目标，它的皮毛非常柔软。就在我看向儿子，想要了解他的感觉如何时，达斯蒂跳到了他的身上，将前爪放在了他的胸前。彼得微微弯下腰，它在他脸上落下了无数个吻。

彼得跪了下来。为了能够坐在他的大腿上，达斯蒂差点把他扑倒。我跪下来加入了他们，也立刻得到了无数个亲吻。我擦去脸上的口水。很明显，这个姑娘有足够的爱可以付出。我们只和它在一起待了几分钟，就已经觉得它是我们的了。

"那么，你们想带它回家吗？"养狗人问道。

"啊哈……"我迟疑地说道，有点儿猝不及防。我得和儿子商量一下。如果考虑到一些实际问题，我们没有狗粮、没有项圈、没有牵狗绳、没有狗窝……

我向黛比简单了解了一下达斯蒂的就医记录和所接受的训练，之后我快速地对达斯蒂查看了一番，并给它做了体检。黛比是一位优秀的饲养员，她养出的狗非常健康，适应能力很强。她告诉我，达斯蒂在第二次生产时借助复杂的剖宫产手术才生下了狗崽。黛比决定不让它再生了，而达斯蒂的"退休"对我们来说是一件好事。我弯下腰去检查它的肚子。它剖宫产的伤疤很明显，也许它和我之间的共同点比我能意识到的更多。它和我所经历的一切并不容易。年纪大的狗更难找到一个长久的家，但我们这些当妈妈的需要互相支持。我想告诉它："朋友，我收下你了。"我拿出支票簿，准备把它变成我们的家庭成员。彼得好奇地看了我一眼，接着点头表示同意。

"你真的是这么想的吗？"我压低了声音问道。

"是的，妈妈。我觉得我们应该这么做。我真的很喜欢它。"我耳边响起了更多的音乐。我看着彼得爱抚着我们新的家庭成员。它现在冷静下来了，静静地站着，沉浸在爱的回报里。

我快速走向车子，找到我的应急牵狗绳。一名准备充分的兽医总是带着一条备用的伸缩式牵狗绳，以防在路上遇到流浪狗。今天，这条牵狗绳将为我的家人带来幸福。

当我回到黛比的屋子时，达斯蒂在空中向右快速地转了三圈。它看到牵狗绳后非常兴奋，身体扭成了一个圆。它的开心是多么简单纯粹！达斯蒂停住不动，脖子的长度刚好够我用牵狗绳套住，然后它把我们拉出了大门。我想，达斯蒂比我们更早知道，我们将是它新的家人。

开车回家的路上，我有点儿震惊，我们居然只用了 30 分钟就把一只狗带回了家。迈克肯定会大吃一惊的。但他了解我，而且他知道我要去找养狗人。不客气地说，这就像把一个小孩放进了一家糖果店。所以，这还得怪他。我瞥了一眼坐在旁边的儿子，看到了一张满足和快乐的脸。我看向后视镜，达斯蒂蜷缩成了一个球，在后座上睡着了。我的脸上漾起了微笑。

我们匆忙列出了需要准备的东西：狗粮、粉色的狗窝、新的饭碗和水碗、毛绒玩具——思考这些占用了我们所有的路上时间。我们到家的速度比我预计的要快。当旅行车的车门一打开，达斯蒂就轻松地一跃而下，然后抬头看着彼得和我，好像在说："接下来呢？"

凯莉（喜乐蒂牧羊犬）和达斯蒂（拳师犬）

我们将给它温柔的关爱。我们向屋子里走去，彼得的脚下像安上了弹簧。我牵着达斯蒂，跟在我儿子后面。达斯蒂在我身边，快活地抬头看着我。

结　语

　　到目前为止，"敌人"已经投降。虽然我的每一天都不能算作我过得最好的一天，但我依然对我的每一天都心怀感激。C 字病让我换了一种态度去看待生活。能得到这个机会，我是多么的幸运，其实它一直就在我的眼皮子底下，只是我从未停下来好好地看看它。我治疗的患者，还有和我一起生活的宠物，都给了我无条件的爱、接纳、忠诚和陪伴。它们活在当下，活在每一天。它们让我们的生活变得更美好，同时也在告诉我们要如何让生活变得更美好。我不确定我能不能最终战胜对自身死亡的恐惧，尤其是随着年龄的增长，这似乎更令我望而生畏，但我决不会再给 C 字病任何机会。虽然我仍然不能说出那个该死的词，但从现在开始，无论我什么时候想到它，它的开头都只会是一个小写的 c。在这一年里，我身上增添的伤

221

疤比我一开始预想的要多。我不得不努力接纳这些新的伤疤，但我要骄傲地把它们"穿"在身上。医学界说，疤痕会随着时间的推移而重组，会变得越来越小，越来越不明显。我希望，假以时日，我不会在情感上因伤疤而感到痛苦，而它们带来的益处将会永存。

致 谢

我一生中的大部分时间都不会在社交媒体上做些什么。当我第一次被诊断出 C 字病时，我意识到自己并没有精力一直向我的朋友们汇报我的病情、最近的治疗过程或我的感受。因此，我开始定期给他们写电子邮件。许多人会给我回信，并在信中给我鼓励、给我力量。这是我紧抓不放的救生绳。很多人还问："你有没有想过写一本书？你真的应该写一本书。"治疗结束后，我不再群发电子邮件，偶尔会有一位朋友联系我，说"你真的应该考虑写一本书"。我没有采纳他们的建议，直到有一天我和迈克外出过周末。在旅馆里，我收到了一份晨报。那时是 3 月底，我读到了我的星座运势，上面说"你应该从今天开始写你的书"。我被击中了！两天后我开始动笔，从未停歇。

我永远感谢我专业的文学团队，你们是上天赐给我的礼物。威廉·帕特里克，谢谢你在我最需要你的时候，给了我极其宝贵的建议和鼓励。香农·韦尔奇，谢谢你给了我这个机会。悉尼·罗杰斯，谢谢你花了几个小时仔细阅读和处理我的手稿，让它变得更好，感谢你的细心周到，感谢你理解我的愿景，就好像你从第一天开始就和我在一起一样。感谢 Harper One 出版社杰出的工作人员，特别是路易丝·布雷弗曼和露西尔·卡尔弗，感谢你们的勤奋、努力和专业。谢谢你，佐伊·桑德勒，谢谢你的海量阅读，你的合理化建议一直有举足轻重的作用。我要向艾琳·博伊尔致以深深的谢意，感谢你提出许多富有创意的想法。非常感谢蒂娜·班尼特，感谢你的智慧和耐心，以及你为帮助我掀开人生新篇章所做的工作，没有你，就没有这本书；我十分珍视我们的友谊，谁能想到，多年前我们在孩子们夏令营上的相遇会让我们建立如此深厚的情谊呢？

如果不是纪念斯隆·凯特琳癌症中心（Memorial Sloan Kettering Cancer Center）专业的医疗团队，我可能早就已经不在了。阿布－拉斯特姆医生、阿列克蒂亚尔医生、马克尔医生，我永远感谢你们，是你们救了我。菲斯特医生，你的建议和忠告至关重要。感谢护理团队和后勤人员对我的包容，你们让我感到被关心、被爱护，你们对我以及所有癌症中心的病人来说都是无价之宝。感谢杰出的施密特－萨罗西医生，虽然你不属于癌症中心。还有我的妹夫杰布·布朗医生，你在各个方面都给我以支持，谢谢你。

感谢罗德岛酒店美轮美奂的海洋之家，不仅仅因为你们在那个很有决定性意义的早晨为我提供了报纸，还因为你们提供了一个安全的避风港，让我在那里写作了无数个小时。

感谢我所能想象出的最好的工作团队，感谢你们为我付出的时间和爱心，流下的汗水和眼泪，当然，还有食物和音乐！你们就是我的办公室家人，我对我们之间的回忆视若珍宝。你们把棘手的工作完成得如此之好，你们是我休完病假回来继续工作的重要原因。我会一如既往地支持你们，我知道你们也会支持我。感谢珍妮、谢娜、杰斯、杰恩、阿什莉、JD、考特尼、朱莉、伊丽莎白、杰西、凡妮莎、乔迪、克里斯特尔、凯西、塔赫拉、蒂亚、普尼玛、谢拉、斯蒂芬妮，以及亨特医生、斯特劳斯医生、坎特罗维奇医生和帕莱斯坎多洛医生，他们只是其中的几个！感谢附近社区的杰出兽医，我喜欢和他们一起帮助许许多多我们共同的患者。我要特别向我所在的宠物护理中心肿瘤科工作的大家庭道声感谢，感谢他们对患者无微不至的照顾、对同僚的关爱，以及对我的体贴。

感谢我的朋友们，在此我要向你们致以敬意。无论过去还是现在，你们都是我的生命支柱。感谢你们无数次的接送、美味的食物，以及你们的陪伴。莎莉，你想尽办法给我带去你餐馆里的营养美食；丽莎·玛丽，你做的食疗大骨汤太棒了；安吉拉和吉尔，你们牢固的友谊（和组织）可以救命。对那些从全国各地飞来看望我的人：金、贝齐、苏珊、尼尔和杰布，我要怎么做才能充分表达我对你们的谢意呢？谢谢卡伦、佩妮、萨姆·A、特蕾西、埃米、玛丽、科琳、路易斯、萨姆·C、西比尔、凯蒂·C、斯蒂芬妮、琳达、劳拉、丽莎、乔安妮、玛格丽特、埃米丽和安德鲁、凯蒂·D、格蕾丝、温迪、琳内、史黛西、宋、蒂娜、理查德和朱莉、克里斯和佩姬、安杰拉和菲尔，还有吉尔。我爱你们。

特别感谢埃米丽·罗森布拉姆－卢卡斯，她是我在本书出版过程中的朋友和向导。

感谢坦特姆·萨隆、基思和莉萨，你们的善意对我来说意味着整个世界。感谢帮助我解决脱发问题的佩拉卡尼斯夫妇，谢谢你们。

感谢诺尔玛·鲁比奥让人放松的声音和疗愈冥想，谢谢你的指引。

没有我的那些患者和它们的主人，就绝不会有这本书。虽然我们相遇的一个令人难过的原因是癌症，但能够认识你们并被你们信任，从而帮助到你们心爱的四条腿家人，我很珍惜这一点。你们是我休病假后想要回来工作的另一个原因，你们让所有的一切都值得。我把你们的宠物当作自己的宠物一样对待。我很享受我们在所有复诊中的交谈。你们是热情而敏感的战士，我为你们欢呼。

谢谢我的家人们，尽管我已经花了无数的笔墨，尽管我似乎无时无刻不在提到你们，但现在真正写到你们时我却哽咽了。迈克，谢谢你的爱、你的理解，以及在我最需要的时候给我的关心。事情虽然不总是一帆风顺的，但我很高兴你能当我的副驾驶。谢谢我的儿子彼得，我的"最爱"，我全心全意地爱着你。你就是我的整个世界，我每天都因为你而感谢上苍。我为你感到无比自豪。还有我的兄弟拉姆齐，感谢你在我治疗期间打来那么多次电话，你不知道，这些电话给了我多么大的安慰。

最后，我要感谢我一路走来遇到的所有拳师犬。你们的陪伴让我的人生旅途更加美好。谢谢。

作者的话

我非常乐意成为一名肿瘤科医生，让动物过得更好一直是我的心愿。一条摇动的尾巴，或者一个湿乎乎的感激之吻，都能带给我快乐。但真正让我得到满足的是帮助那些饲养宠物的人和他们的四条腿家人多过一个夏天或一年。能够坐在宠物主人的旁边，分担他们的恐惧和担忧，并把它们转变成理解和希望，这就是我的工作中最棒的地方。我听过许许多多的人讲述他们的故事，讲述为什么他们的四条腿家人对他们来说如此特别。我十分有幸能够一窥他们的世界和他们的努力。我的使命就是向他们的宠物伸出援手，帮助它们对付 C 字病。我希望能有更多的读者读到这本书，并对他们的生命和生活有所帮助。